모바일 플랫폼 기반

3차원 그래픽스 가속기

SoC구현

모바일 플랫폼 기반
3차원 그래픽스 가속기
SoC구현

김 명 환 지음

한국학술정보㈜

머리말

　이 책에서는 지오메트리연산을 효율적으로 처리할 수 있는 24-bit 부동소수점 연산기들을 설계하고, 이 연산기들을 이용하여 하드와이어드 지오메트리 프로세서(T&L Engine)를 설계한다. 부동소수점 연산기는 Xilinx-Virtex2 FPGA에서 부동소수점 덧셈/곱셈기는 100MHz, 부동소수점 NR 역수 연산기는 120MHz, 부동소수점 멱승기는 200MHz, 부동소수점 역제곱근기는 120MHz의 동작 주파수를 각각 확인하였다. 하드와이어드 지오메트리 프로세서는 Velirog HDL을 이용하여 설계하고 Mentor사의 ModelSim을 사용하여 회로의 기능을 확인한 후 Dynalith System의 iProve, Xilinx Virtex2 300만 Gate에서 3차원 그래픽 데이터 처리로 그 성능을 검증하였다.

　지오메트리 프로세서는 24-bit 데이터 형식을 갖는 하드와이어드 디코더 구조로 설계하여, 32-bit 프로그램 제어방식 지오메트리 프로세서에서 존재했던 ID(Instruction Decoder) 단계, WB(Write Back) 단계를 제거함으로써 기존의 32-bit 데이터 형식을 갖는 프로그램 제어방식 지오메트리 프로세서보다 하드웨어가 차지하는 면적이 160,000게이트에서 32,000게이트로 크게 감소되었으며, 각 연산기들의 실행 사이클 수를 감소시킴으로써 전체 처리속도가 2배 이상 향상되었다. 지오메트리 변환 처리 사이클은 20사이클에서 7사이클, 라이팅(directional) 사이클은 53사이클에서 9사이클 그리고 라이팅(point) 사이클은 75에서 9사이클로 각각 감소시켰다.

　설계된 하드와이어드 지오메트리 프로세서는 80MHz의 동작 주파수에서 초당 8.9M 폴리곤(Polygon)을 변환할 수 있다. 이는 기존의 32－bit 프로그램 제어방식 지오메트리 프로세서가 80MHz의 동작 주파수에서 초당 4M 폴리곤을 변환할 수 있는 성능에 비해 두 배 이상 빠른 처리속도다. 향후 0.13um～0.18um 칩으로 제작하여 150～200MHz의 주파수로 동작시킨다면, 초당 약 12M개 이상의 프리미티브(Primitive)를 처리할 수 있을 것으로 예상된다.

　Magnachips 0.35um 공정에서 합성해 본 결과 32－bit 데이터 형식을 갖는 프로그램 제어방식 지오메트리 프로세서가 차지하는 면적(160K 게이트)의 약 1/5면적(32K 게이트)으로 구현될 수 있음을 확인하였다.

　설계된 하드와이어드 지오메트리 프로세서는 하드웨어가 차지하는 면적이 적고, 소모 전력이 적기 때문에 모바일 플랫폼 기반의 3차원 그래픽스 가속기 지오메트리 IP(Intellectual Property)로 구현될 수 있으며, 향후 래스터라이져(Rasterizer)와 결합하여 자연스러운 실시간 동영상 처리를 필요로 하는 휴대용 각종 기기에 그 응용이 가능하고 뛰어난 성능을 발휘할 수 있다.

contents

I. 서 론

전기, 전자, 컴퓨터 기술들이 발달하면서 이들 기술을 이용한 인쇄, 출판, TV, 방송, 전화 등의 정보 전달 매체가 디지털 멀티미디어로 통합되는 과정이 진행되고 있다. 정보통신, 컴퓨터, 음성, 비디오, 영상 처리 관련 산업 분야에서는 고성능, 휴대용, 저소모 전력, 저가형 제품이 요구되고 있으며, 시스템을 한 칩에 구현하는 새로운 집적회로 설계(SoC: System on a Chip) 시대가 오고 있다. 최근에는 디지털 미디어 컨버전스(Digital Media Convergence)가 확산되고 있으며, 디지털 미디어에 여러 가지 기능들이 통합되고 있다. 디지털 TV와 3차원 그래픽스에 대한 디지털 미디어 컨버전스의 사례가 발표되고 있으며, 앞으로 이러한 추세가 가속화될 것으로 보인다. 3차원 그래픽을 데이터 방송, DVD, Game, PDA, 휴대용 전화기 등에 적용을 할 경우 생동감 있는 양질의 입체영상을 사용자에게 제공할 수 있다. 따라서 3차원 그래픽 가속기에 대한 연구는 차세대 모든 영상처리 매체에 적용 가능한 중요한 연구 과제다.

현재 저가형 그래픽 가속 칩들은 거의 후처리 과정인 Rasterization만을 하드웨어적으로 가속하고 전처리 과정인 지오메트리 변환(Transform), 광원 처리(Lightning)에 필요한 연산은 모두 CPU에 의존하고 있다. 전처리 과정에는 실수 연산이 많기 때문에 FPU(Floating Point Unit)의 성능이 좋은 CPU일수록 전처리 과정은 더 빠르게 처리될 수 있다. 중 상위급 그래픽 가속기의 전유물이었던 지오메트리 프로세서가 일반 사용자들에게 다가오고 있다.

　3차원 이미지는 그래픽 파이프라인에서 생성되는데 두 단계의 처리로 구분된다. 첫 번째는 지오메트리 단계로서 3차원 이미지에 숨어 있는 벡터 그래픽 정보와 배경 이미지가 컴퓨터에서 처리할 수 있는 3차원 정보(Triangle)로 바뀌는 단계이고, 두 번째는 렌더링(Rendering), 채색(Shading) 단계로서 첫 번째 단계의 3차원 정보(Triangle)가 모니터상에 표시되도록 픽셀로 바뀌는 단계로 3차원 프로세서가 처리한다. 그러나 기초적인 3차원 정보는 실생활의 이미지를 표현하기 어렵기 때문에 보다 진보된 기술을 사용하고 있는데 이것은 크게 채색(Shading), 텍스쳐 맵핑(Texture Mapping), 분위기 효과(Atmospheric Effects), 은선제거(Hidden Line Removal)의 4가지 요소로 구분된다. 기존의 그래픽 시스템에서 모니터상에 디스플레이시킬 때 CPU가 이를 처리하고 VGA 카드상의 그래픽 프로세서에 의해 디스플레이되므로 그 속도가 매우 낮아서 실제 모델링, 애니메이션, VR(Virtual Reality) 등의 응용에 큰 장애가 되었으나 3차원 그래픽 가속 카드의 등장으로 이러한 현상이 크게 개선되었으며, 그 기초가 되는 개념들이 위의 개념들이고 이것들은 Open-GL의 기본이 되고 있다.

　현재의 모든 가속기들은 그래픽 처리, 즉 화면에 출력되는 2차원, 3차원 장면을 가속하는 ASIC이라고 할 수 있다. 동영상(Game, 영화 등)에서 사용자에게 현실감 있는 영상을 제공할 수 있게 해 주는 3차원 그래픽 기술을 실시간으로 사용하기 위해서는 3차원 그래픽 연산을 가속할 수 있는 별도의 하드웨어가 필요하다. PC, 고성능 워크스테이션에서만 사용되던 3차원 그래픽 가속기는 최근 모바일 게임기, 휴대전화 등에서도 수요가 일어나고 있으며, 다양한 임베디드 시스템에서 사용되고 있다. 사용자에게 보다 현실감 있는 인터페이스를 제공하고, 게임 등 다양한 응용 분야가 개발되면서 임베디드 시스템에서도 그 중요성이 높아지고 있다.

이 책에서는 3차원 그래픽 가속기의 동작을 연구하고, 3차원 그래픽을 효율적으로 가속하기 위한 24-bit 하드와이어드 지오메트리 프로세서를 설계하였다. 설계된 지오메트리 프로세서는 3차원 그래픽이 초당 30프레임 이상, 초당 8M 폴리곤 이상 처리할 수 있다. 이는 PDA 등 휴대용 기기로 개발된 제품이 10만~30만 폴리곤을 지원하는 데 비해 10배 이상 빠르게 처리할 수 있는 속도다.

설계된 하드와이어드 지오메트리 프로세서는 SoC의 구현에서 하나의 IP(Intellectual Property)로서 래스터라이저와 결합하여 임베디드 시스템에 유연성을 제공함으로써 SoC 개발에 적합한 3차원 그래픽 가속기 플랫폼을 구현할 수 있다. 구현된 3차원 그래픽 가속기는 모바일 플랫폼 기반의 이동휴대폰에서 구현되는 3차원 동영상이 유선 인터넷처럼 자연스러운 영상을 구현할 수 있다. 3차원 그래픽 가속기 플랫폼은 다양화된 SoC 개발과 복잡한 멀티미디어 응용을 단순화시켜 SoC 개발효과를 향상시킬 수 있으며, 사용자 어플리케이션 개발 시간도 50%가량 단축시킬 수 있어 단시간에 제품 개발을 완료할 수 있을 것으로 기대된다. 향후 Rasterizer를 하드와이어 형태로 설계하여 하나의 IP로 구현하고, 앞에서 구현한 지오메트리 프로세서와 결합하여 하나의 3차원 그래픽 가속기 IP를 설계할 수 있으며, 이는 더 진보된 성능으로 모바일 플랫폼 기반의 3차원 그래픽 가속기 SoC 구현이 가능하다.

본서의 구성은 제2장에서 SoC 개발을 위한 플랫폼 구조를 서술하고, 제3장에서 플랫폼에 적합한 3차원 그래픽 가속기 구조와 대표적인 지오메트리 가속기 구조, OpenGL ES 3차원 그래픽스 가속기 표준에 대하여 서술한다. 제4장에서 3차원 그래픽 가속기 부동소수점 연산기를 설계하고, 제5장에서 설계한 연산기들로 지오메트리 프로세서를 구현한다. 제6장에서는 설계한 지오메트리 프로세서를 검증하고, 타 지오메트리 프로세서와 성능을 비교한다. 제7장에서는 결론 및 향후 과제에 대하여 서술한다.

Ⅱ. SoC 개발을 위한 플랫폼 구조

  컴퓨터 하드웨어 기술의 발전은 프로세서의 데이터 처리 능력을 32
-bit에서 64-bit로 증가시키고, 고성능 파이프라인, DSP(Digital Signal
Processing) 처리 전용 하드웨어, 기억장치의 대용량화를 실현시켰다.
  SoC(System on a Chip)는 프로세서, 메모리(ROM, RAM), 주변 장치,
DSP, 컨트롤러 등을 하나의 칩에 집적하는 반도체 집적회로 기술이다.
이전에는 하나의 PCB(Printed Circuit Board)상에 CPU, 메모리, 주변장
치 칩 등 여러 개의 칩들을 사용하여 설계하였으나, SoC는 각 칩에 해
당되는 회로를 각각의 IP(Intellectual Property)로 확보해서 하나의 칩으
로 설계한다. SoC는 Post-PC 시대의 핵심 하드웨어 기술로서 고성능,
저가격, 안정성, 저소비 전력, 내구성을 충족하는 혁신적 디자인이 가
능하도록 한다. IT SoC(Information Technology System-on-a Chip)는
통신, 컴퓨터, 방송 등 여러 IT 관련 기능을 하나의 Chip 내에 집적한
반도체 집적회로로서 최근에는 개별 가전제품과 통신, 컴퓨터가 통합되
는 디지털 융합화(Digital Convergence)의 심화로 SoC의 수요가 계속
늘어나고 있다. 이동통신, 디지털 TV, 홈 네트워크, 디지털 컨텐츠, 지능

형 로봇, Post PC 등의 IT산업도 모두 SoC 기술을 기반으로 하고 있으며, SoC 기술을 바탕으로 RF(Radio Frequency), MEMS(Micro Electronic Mechanical System), Optics, Sensor, Biologic 등 새로운 분야에서의 기술 융합이 계속적으로 일어날 전망이다. 현대인의 편리한 생활을 위한 모든 제품들이 SoC 기술을 기반으로 함에 따라 현재 세계 반도체 시장에서 SoC 비중은 점점 더 높아지고 있다.

ASIC 설계 시스템에서 회로 집적도의 증가는 SoC 설계를 가능하게 하였다. IBM의 CCP(Customizable Control Processor)[1, 2]는 대부분의 SoC에 요구되는 공통적인 특징들을 인지하고, 새로운 설계를 위한 출발점으로 사용될 수 있는 강화된 플랫폼 만들어 설계 기술자들의 새로운 도전을 용이하게 하였다.

시스템 복잡도에 대한 요구 증가와 초미세 공정(Deep Submicron)에 의한 시스템 용량 증가 속도를 시스템 설계 능력의 향상 속도가 따라가지 못하고 있는 현상이 심화됨에 따라 보다 효율적인 SoC 설계 방법이 절실히 요구되고 있다. 이러한 문제를 해결하기 위해 학계와 시스템 설계 관련업계에서도 새로운 방법 모색을 위한 연구, 개발을 활발히 진행해 오고 있으며, 특히 IP 기반 설계(IP-based Design)와 플랫폼 기반 설계(Platform-based Design) 방법론이 많은 주목을 받고 있다[2, 3].

칩의 복잡도와 SoC 제품의 생산성 차이가 증가함에 따라 기존의 IC 설계 방법으로는 SoC 제품의 성능과 요구의 변화를 만족시킬 수 없다. 칩의 면적을 최소화하고 성능을 최대화하여 게이트 수준의 최적화를 통한 기존의 셀 기반 설계 방법으로는 생산성 문제를 해결할 수 없다. 이러한 문제를 해결하기 위한 방법으로 IP 재사용을 기반으로 한 플랫폼 기반 설계(Platform based Design)가 제시되었다. 플랫폼 기반 설계는 SoC 제품을 단기간에 개발하기 위한 응용 기반 플랫폼과 재사용이 가능한 IP를 이용한 플랫폼 기반 설계 방법이다. 90% 이상의 IP를 재사용함으로써 설계 기간을 단축하여 시스템 수준에서의 최적화를 통해 제품의 시장 경쟁력(Time-to-Market) 문제를 해결하기 위한 방법이다.

1. IP 재사용 및 SoC 설계

LSI(Large Scale Integration) 시대에는 TTL(Transistor-Transistor Logic)이나 적은 수의 트랜지스터를 사용한 소규모 칩들을 사용하여 하나의 시스템을 구축하였다. VLSI(Very Large Scale Integration) 시대에는 수백만 개의 트랜지스터를 갖는 칩들을 설계하여 보드상에 시스템을 구축하였다. 이와 같이 기존 시스템을 구축하기 위해서는 특정 기능의 칩들을 개발하고, 이를 지원하는 보드를 구입하거나 직접 설계하여 그 위에 시스템을 구축하는 SoB(System on a Board)기술이 사용되었다. 반도체 공정기술이 발전하고, 이동성이 증가함에 따라 시스템의 소형화, 경량화에 대한 요구가 증가하고 있다. 또한 시스템이나 칩의 생명주기(Life time)를 단축시키고 있기 때문에 시스템 및 칩 개발자들의 개발시간 단축에 대한 압력을 가중시키고 있다.

시스템을 하나의 칩에 구현한다는 것은 보드상에 구현하는 것보다 안정성이 뛰어나고, 성능이 향상될 뿐만 아니라 소형, 경량화가 가능해진다. 그러나 SoC(System on a Chip) 개발자들에게는 긴 개발시간, 설계의 복잡성 증가, 개발비용 증가 등의 어려운 문제점을 안겨준다. 이러한 문제점을 해결하기 위해서는 기존의 설계를 재사용하는 것이다.

설계의 재사용은 IP(Intellectual Property)화된 기존 설계 모듈을 불러와 연결만을 정의하고, 공정 기술에 맞도록 크기를 재조정하는 시간만 소요되므로 SoC 개발 시간을 감소시킬 수 있다. IP를 재사용하는 목적은 사용자의 욕구를 충족시키는 SoC를 단시간에 구현하는 것이다. IP 재사용은 SoC 설계에서 생산성을 크게 향상시켜 줄 수는 있지만 재사용 가능하도록 설계하는 것이 쉬운 일은 아니다. HDL(Hard Description Language)을 이용하여 재사용 가능한 설계를 할 수 있지만, 그것 자체로 설계가 재사용 가능한 것은 아니며 효과적으로 재사용이 가능하도록 설계하는 노력이 필요하다.

현재까지의 주문형 반도체(ASIC)는 SoB(System on Board) 기술로서 회로기판상에 다양하고 복잡한 칩들을 사용하여 디지털 장치 및 응용(Application)의 구동을 위한 것이었으나 기술 발전에 따라 반도체의 집적도가 상승하여 SoB 기술로 구현되던 인쇄회로기판(PCB) 전체를 단일 하드웨어 모듈(Chip)로 구현하는 SoC 기술이 필수적이며 SoC 설계에서 재사용 가능한 IP의 확보가 중요하게 되었다. [그림 2-1]은 IP의 재사용, [그림 2-2]는 기존 설계를 재사용하여 SoC를 구현하는 예를 나타낸 것이다.

복잡한 SoC 설계에 있어서, 시장의 시급한 요구(Time-to-Market)를 만족시키고, 그 설계의 복잡성에서 오는 설계 능력의 한계를 극복하기 위하여, IP 재사용 기반의 SoC 설계 방법은 매우 중요하다. 효율적인 IP 재사용을 위해서는 IP 사용 및 설계에 대한 표준도 매우 중요하다. 국내의 SIPAC(www.sipac.org), 미국의 VSIA(www.vsi.org), 일본의 STARC(www.starc.or.jp) 등에서는 IP 설계, 검증, 유통 등에 대한 활발한 연구가 진행 중이며, 이미 다양한 표준안들이 발표되고 있다. IP의 국제적인 표준화 단체인 VSIA(Virtual Socket Interface Alliance)에서는 VC(Virtual Container)라 부르는 가상의 블록을 설정하여 IP를 정의한다. 가상의 블록을 가져오기만 하면 필요로 하는 칩을 설계할 수 있으며 이 VC가 라이선스를 부여받았을 때 IP라 불리게 된다. VC는 크게 Soft VC, Firm VC, Hard VC로 분류되고, 이들이 라이선스를 부여받으면 Soft IP, Firm IP, Hard IP로 나눠진다. Soft IP는 합성 가능한 RTL로 이루어진 IP이고, Firm IP는 Netlist이며, Hard IP는 Physical Layout을 의미한다. Soft IP는 기술 독립적인 RTL이므로 이식성에 제한을 받지 않는다. Hard IP는 layout을 의미하는 특정 공정에만 적용할 수 있는 폴리곤 데이터 자체를 의미하므로 기술이 고정이 되어 있는 것이며, 이식성은 프로세스 맵핑(Process Mapping)이 되어 있어야 하는 제한 사항을 가진다. Firm IP는 Soft IP와 Hard IP의 중간적인 형태를 갖는 것으로써 Netlist를 기반으로 하는 Footprint(Phantom Model), Timing Model, Wiring Model 등을 포함한다.

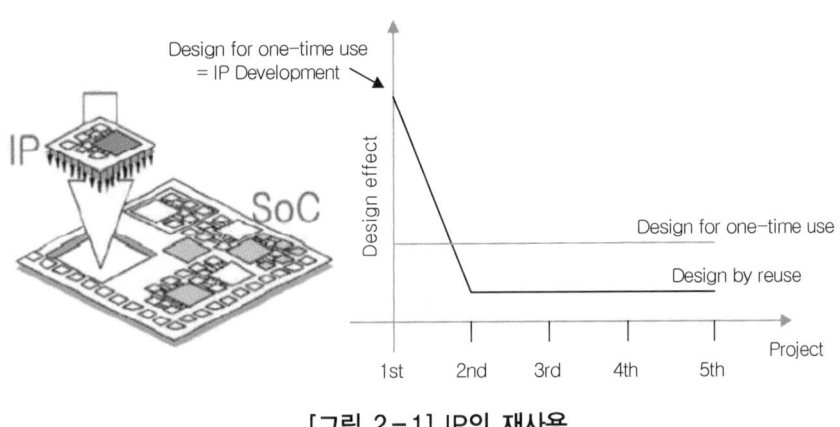

[그림 2-1] IP의 재사용

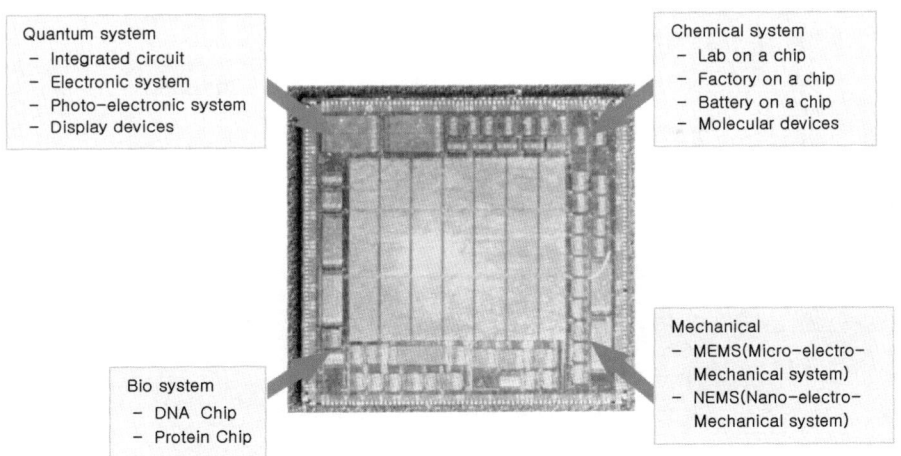

[그림 2-2] 기존 설계의 재사용으로 구현하는 SoC의 예

1) IP 재사용을 위한 요구사항

IP는 잘 정의된 컨텐츠와 인터페이스들을 갖고 있는 블록이다. 각 컴포넌트(Component)들은 잘 알려진 것이어야 하며, 각 컴포넌트에 대한 상세 정보가 요구된다. 컴포넌트들이 재사용되기 위해 설계된 때 최적이라 할 수 있다. 위험 요소가 적은 IP는 사업성은 있지만, 가격 경쟁력이 떨어질 수 있다. IP 재사용을 위한 요구사항들을 정리하면 다음과 같다. [그림 2-3]은 재사용을 위한 설계와 재사용을 이용한 설계를 그림으로 나타낸 것이다.

가. 하드웨어 서술 언어 모델(HDL Models)
나. 기능적 서술(Functional Description)
다. 응용 목적(Application Intent)
라. 인터페이스 명세(Interface Specification)
마. 제작자와 소유자(Authors and Owner)
바. 사이즈, 지연, 성능 평가(Size, Delay, Power Estimates)
사. 패킹 정보(Packaging Information)
아. 테스트 벤치(Input Stimuli / Output Responses)
자. 사용된 / 필요한 도구 및 버전(Tools and Versions used / need)
차. 사이즈, 지연, 성능 측정(Size, Delay, Power Measurements)
카. 시험 가능한 특성(BIST, JTAG, SCAN)

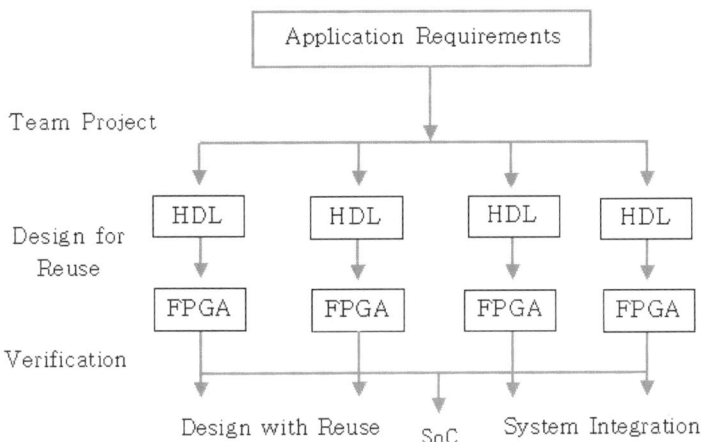

[그림 2-3] IP의 재사용을 위한 설계와 IP를 재사용한 설계

2) IP의 검증

IP의 검증은 해당 IP가 탑재된 칩을 제작하여 실장 테스트까지 통과하여 아무런 문제가 없음을 증명하는 것이다. 즉 해당 IP에 대한 사용을 고려하는 사람의 입장에서는 정상 동작하는 칩이 개발될 수 있는가가 관건이므로 이에 대한 개발 여부가 확실한 입증이 된다. IP 생성 과정에서 테스트까지 고려하였고, Soft IP의 경우 코드 커버리지 등이 고려되어 개발된 것이라면 완벽하게 검증된 IP라 할 수 있다. 또한 Synopsys사와 Mentor사의 OpenMORE 프로그램인 RMM(Reuse Methodology Manual: Synopsys사와 Mentor사가 공동으로 저술한 재사용 관련 매뉴얼)을 이용하여 설계된 IP의 설계규칙에 부합 여부를 평가할 수 있다. FPGA OpenMORE을 마련하여 FPGA에 의한 방법으로 평가해 볼 수 있는 방법도 있다. 검증된 IP라는 것을 확인할 수 있는 가장 간단한 방법은 실제 칩이 제작되어 판매되고 있는가의 여부를 확인해 보는 것이다.

3) SoC 설계

SoC는 주어진 시스템의 기능을 하나의 칩으로 만들기 위해 신호 도메인, 제조 공정이 다른 여러 기능 블록들을 집적해 놓은 IC(Integrated Circuit)라 할 수 있다. 일반적으로 SoC에서 내장형 프로세서, 메모리, 외부 시스템과의 연결을 위한 주변장치, 가속 기능 블록(Accelerating Function Block)과 데이터 변환 블록(Data Transformation Block) 등의 디지털 블록은 물론 아날로그, RF, 메모리 블록 등이 포함된다. 또한 SoC는 여러 다른 반도체 공정을 포함하기 때문에 마스크(Mask) 제작비 및 공정비용이 상승하지만 대량 생산의 경우나 성능 요구가 정밀한 경우에 채택되는 방식이다. SoC는 메모리 반도체에 비해 부가가치가 높고, 경기 변동에 강하며, 제품 경쟁력을 좌우하는 핵심부품으로 통신, 컴퓨터, 방송 등 'IT 시스템 기술'과 집적회로 설계, 검증 등 '반도체 기술'을 융합한 것이다.

(1) 전형적인 SoC 설계

설계자가 사용할 수 있는 추상화 기술의 형태들은 그 설계특성에 의해 좌우된다. [그림 2-4]에 나타낸 바와 같이 SoC는 기본적으로 프로세서가 전체적인 시스템의 제어를 담당하고, 메모리와 주변장치들이 내장되어 있다. SoC 개발에서 기본적인 전제는 검증된 IP의 확보와 시스템 플랫폼의 구축이다. 그러나 혼합 모드의 경우 개별 IP는 규격화 및 표준화가 어려울 뿐 아니라, 신호 무결성(Signal Integrity) 측면에서 제각기 다른 신호 형태, 동작환경 등으로 인해 주변 기능 블록 간의 인터페이스가 매우 어려워지게 된다. 이는 혼합 모드 SoC의 성능뿐만 아니라 설계의 신뢰성까지 저하시키는 요인으로 작용한다. 또한 RF / Analog 의 특성상, 각각의 IP는 목표 공정에 따라 주요 특성이 달라지기 때문에 재사용 측면에서 세심한 주의가 필요하다. 혼합 모드 SoC의 설계 생산성을 향상하고 신뢰도를 높이기 위해 최근에는 하드웨어 및 소프트웨어가 결합된 형태의 플랫폼을 통해 개별 IP는 물론 신호 무결성을 검증하는 접근 방법을 시도하고 있다. 소자 공정 측면에서 혼합 모드 SoC의 기본적인 문제는 신호에 의한 기판 잡음이다. 기판 잡음은 특히 Vdd가 스케일링되면서 디지털 회로 자체의 문턱전압(Threshold Voltage), 접합 커패시턴스, 바이어스 전류의 변화를 가져올 뿐만 아니라, 아날로그 회로의 이득, 밴드폭(Band Width)을 가변시키며 지터 (Jitter), 잡음지수(NF: Noise Figure) 등을 열화시킨다. 공정상으로는 0.18μm부터 채택되고 있는 Deep n-Well(Triple Well)에 아날로그 블록을 배치함으로써 기판 잡음을 일부 억제할 수 있으나, 불가피하게 침투하는 기판 잡음에 대하여는 회로설계 기법상의 레이아웃 균형(Layout Symmetry), 전체 차별 구조(Fully Differential Architecture), 동상 제거비(CMRR: Common Mode Rejection Ratio) 및 전원전압 변동 제거비(PSRR: Power Supply Rejection Ratio)를 강화한 아날로그 회로 구조로 면역성(Immunity)을 향상시키는 방법을 사용하고 있다.

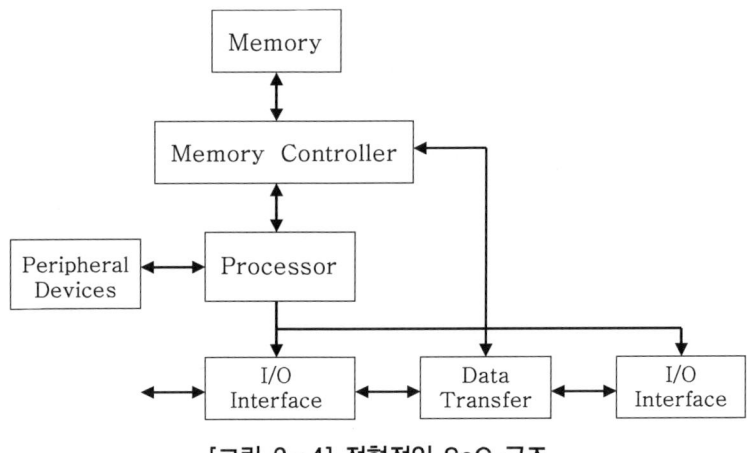

[그림 2-4] 전형적인 SoC 구조

  SoC의 개념은 주로 전자 분야에 주로 적용되어 왔으나 최근 그 개념을 전자뿐만 아니라 기계와 생물학 분야까지도 SoC(System on Chip)의 개념으로까지 확장 보급되고 있다. 시장에서 디지털 장치가 복잡해지고, 다양화되는 가운데 각 장치, 장비들의 효과적인 융합이 크게 대두되고 있다. 인텔(Intel)이 최근 발표한 GSM / GPRS(Global System for Mobile Communication / General Packet Radio Service) 등의 통합 칩 솔루션이 네트워크상에서의 소형화, 수명 연장 등의 장점으로 SoC의 입지는 더욱 강화되고 있다.

  ## (2) IP 기반 SoC 설계

  IP 기반 SoC 설계는 IP를 기본적인 설계 단위로 IP들을 상향(Bottom-up) 형식으로 구성하여 전제시스템을 설계하는 방법이다. 설계자는 다양한 IP 제작하고, 공급자가 제공하는 다양한 IP들 중에서 자신이 개발하려는 시스템의 성능 및 비용 등의 사양에 맞는 것들을 선택하여 시스템을 구성한다. 이러한 IP들은 구현 정도에 따라 Soft IP, Hard IP, Firm IP 등으로 나눠진다. Soft IP는 VHDL이나 Verilog와 같은 언어로 표현되어 하드웨어를 합성할 수 있는 형태로 제공된다. Soft IP의 장점은 설계자가 원하는 타깃 구조나 라이브러리를 이용하여 하드웨어를 합성할 수 있다는 점이다. Hard IP는 레이아웃 형태로 제공되며, 장점은 타이밍에 대한 검증을 설계자가 수행할 필요가 없다는 점이다. Hard IP의 단점은 새로운 라이브러리로의 전환이 용이하지 않다는 점을 들 수 있다. Firm IP는 중간 형태로 게이트 수준의 Netlist로 제공된다.

  설계자는 구현하려는 IP들로 구성된 시스템의 기능적 동작을 검증하여야 한다. 최적화된 시스템 성능을 얻고, 주어진 비용 제한 조건을 맞추기 위해 한정된 IP들의 파라미터를 찾는 작업이 필요하다. 이 작업은 광범위한 설계 공간 탐색이 필요하기 때문에 이를 자동화하려는 연구가 최근 활발히 진행되고 있다.

(3) 플랫폼 기반 SoC 설계

플랫폼 기반 SoC 설계는 여러 시스템들에 대한 공통적인 구조를 구현하는 플랫폼을 가지고 있고, 신제품들은 이러한 기본 플랫폼에 새로운 블록을 추가하거나 일부를 변경하는 설계 방법이다. 개념적으로는 이미 설계했던 시스템에 대한 유도적인 시스템의 설계를 위해 기존의 많은 시스템 설계자들이 이미 사용해 오던 방법을 좀 더 체계화한 것이라 할 수 있다. 최근에는 초미세 공정(Deep-submicron) 기술의 발전으로 충분히 넓어진 칩상에 필요하다고 예상되는 기능 블록들을 미리 최대한 집적시켜 놓은 다음 구현하려는 응용에서 필요로 하는 기능 블록만 활성화시키고 나머지 블록은 사용하지 않는 방법들도 제시되고 있다. 이 방법의 장점은 설계 시간과 칩의 테스트 비용을 줄일 수 있다는 것이다.

플랫폼 기반 SoC 설계는 플랫폼에 Custom-IP, 코어(Core)에 운영체제(OS)를 상주시켜 응용프로그램을 쉽게 올릴 수 있고, 모든 설계 레벨의 IP를 재사용할 수 있다는 점과 테스트가 용이하다는 등의 장점이 있다. 그러나 플랫폼 자체가 스케일러블하지 않다는 단점도 있다. 범용 컴퓨터(PC)를 예로 들면 하드웨어 플랫폼이 메인보드, 소프트웨어 플랫폼은 BIOS(Basic Input Output System)가 되고, 표준화된 내부 및 외부 버스, 그리고 직병렬 포트 등으로 구성된다. 다른 또 하나의 예로서 FPGA(Field Programmable Gate Array)를 들 수 있는데, FPGA는 표준화된 로직 블록으로 규칙적인 구조를 가지며 프로그래밍이 가능한 점에서 플랫폼이 될 수 있다. 그러나 사용 효율이 다소 낮고 동작속도 면에서도 ASIC(Application-Specific IC)보다 낮지만 재사용이 가능하고 개발 기간이 짧다는 장점이 있다.

2. SoC 설계 환경

1) 시스템 수준 SoC 설계 환경

시스템 수준의 SoC 설계란 하드웨어 구조를 고려하지 않은 상위 수준에서의 설계를 한 다음 추상화 수준을 낮추어 가는 하향(Top-down) 방식의 설계 방법이다. 추상화 수준을 낮추는 과정은 시스템 구조를 결정하고, 필요한 컴포넌트(Component)들을 선택하는 과정과 상위 수준의 기능 블록을 시스템 구조에 맞게 분할 할당하는 과정이다. 컴포넌트를 선택하는 과정은 필요한 IP 선택뿐만 아니라 플랫폼 기반 설계를 할 경우 적당한 플랫폼을 선택하고 기본 플랫폼에 추가 또는 제거할 블록을 결정하는 유도시스템(Derivative system)을 결정하는 과정이다.

시스템 수준의 설계에서 보는 추상화 수준은 메시지 수준(Message Level), 트랜잭션 수준(Transaction Level), 레지스터 전송 수준(Register Transfer Level)으로 나눌 수 있다. 메시지 수준 모델은 타이밍 정보가 없는 추상화 수준(UFM: un-timed functional model)을 의미한다. 즉 메시지 수준 모델은 각각의 기능 블록이 일 대 일로 연결되어 있고 각 블록들 사이의 통신은 함수 호출(Function Call)을 통해 이루어진다.

트랜잭션 수준 모델(TLM: Transaction Level Model)은 버스 기능 모델(BFM: Bus Functional Model)을 통해 구현된다. 트랜잭션 수준 모델은 BFM을 사용하여 기능적인 면만을 고려한 모델과 타이밍 정보를 추가한 Cycle Accurate Model로 나눌 수 있다. Cycle Accurate Model은 하드웨어-소프트웨어 통합 시뮬레이션에서 거의 같은 정확도를 가지면서 RTL 수준의 모델보다 수십 배 더 빠른 시뮬레이션이 가능하다. RTL(Register Transfer Level) 모델은 비트나 시그널 수준(Gate Level)으로 합성 가능한 HDL로 구현된 모델을 말한다. 이 수준의 모델은 가장 구체적이고 정확한 모델이지만 구현 및 검증에 많은 시간과 노력이 필요하다. 트랜잭션 수준은 시뮬레이션 속도만을 고려하고 합성에 대해서는 고려하고 있지 않기 때문에 트랜잭션 수준에서 레지스터 수준으로 구체화하는 합성이 매우 어려운 실정이다.

최근 EDA(Electronic Design Automation) 벤더, 학계에서는 설계 과정에서 추상화 수준을 낮추기보다는 각 추상화 수준에 해당하는 모든 설계 물들을 제공하여 설계자가 필요한 수준에 해당하는 설계를 라이브러리에서 가져와 사용할 수 있도록 하고 있다. 일반적인 시스템 수준에서의 SoC 설계 과정을 보면, 첫 번째 메시지 수준으로 응용을 표현하여 기능적 명세를 만족하는지 검증한다. 두 번째 필요한 컴포넌트를 선택하고, 시스템 구조를 결정한다. 세 번째 메시지 수준에서 기술된 메시지 블록들을 시스템 구조에 맞게 분할하고 할당한다. 네 번째 시스템이 시간제한을 만족하는지 검증한다. 마지막으로 시간제한을 만족하지 못하거나 최적에 가까운 구조를 찾을 필요가 있는 경우 두 번째, 세 번째, 네 번째 과정을 반복한다.

효율적인 SoC 설계를 위한 시스템 수준의 SoC 설계 과정에서 가장 중요한 부분은 두 번째, 세 번째 단계다. 설계자는 임의로 컴포넌트를 선택한 다음 구조를 결정하고 분할 및 할당한다. 그러나 한 번 선택된 컴포넌트는 쉽게 바꾸기 어려우며, 시스템의 구조를 여러 번 바꾸는 것은 불가능하다. 최적의 구조를 결정했다 하더라도 실제 구현이 어려워 쉬운 구현을 택하는 경우도 있다. 일부 설계 도구에서는 이러한 과정을 자동으로 해 주기도 하지만 대부분은 설계자가 수동으로 결정하게 된다. 현재 대부분의 설계도구들은 설계자의 결정에 도움을 주는 빠른 시뮬레이션과 프로파일링(Profiling)에 초점을 맞추고 있다.

CoCentric(Synopsys), ConvergenSC(CoWare), VCC(Cadence), Platform
-Express (Mentor Graphic) 등의 대부분의 시스템 수준 설계 도구들에서는 정형화된 기술 모델을 사용한다. 즉 소프트웨어 하드웨어를 모두 기술하여 하나의 검증 환경에서 빠른 시뮬레이션을 통해 하드웨어와

소프트웨어의 기능을 검증하고 매우 넓은 설계 공간 탐색을 빠르게 해
주는 가상 실험 환경을 제공한다. 이러한 가상 실험 환경을 이용하면
실시간 시스템도 하드웨어가 만들어지기 이전에 시뮬레이션을 통해 검
증할 수도 있다. 이러한 설계 환경을 제공하는 시스템 수준 설계도구
들을 [표 2-1]에 보였다.

[표 2-1] 시스템 수준 설계도구

회 사 명	제 품 명	특 징
Synopsys	COSSAP	DSP 설계 최적화 도구
	Eaglei	Hardware / Software Cosimulator
	CoCentric	Virtual prototyping tool
Cadence	SPW	DSP 설계 최적화 도구
	VCC	Component Mapping, 성능 분석 도구
HP	EEsof	무선 단말기 설계 최적화 도구
iLogix	STATEMATE MAGNUM	제어 응용 시스템 최적화 도구
CoWare	N2C Design System	Virtual prototyping tool
	ConvergenSC	Virtual prototyping tool
Mentor Graphics	SeamlessCVE	Hardware / Software Cosimulator
	Platform Express	Virtual prototyping tool

시스템 수준의 기술을 위한 정형화된 모델로는 디지털 신호를 효율적
으로 모델링할 수 있는 Data Flow(DF) Model, 제어가 많은 시스템을 기
술하기 위한 Finite State Machine(FSM) Model, Event-driven Simulation
에 적합한 Discrete Event Model, Synchronous Reactive System Model 등
이 있다. 이러한 모델들은 데이터 집중적 시스템 또는 제어 집중적 시스
템만을 기술할 수 있고, 시스템의 병렬성(Parallelism), 계층구조(Hierarchy)
등을 기술하는 데 한계가 있어 이러한 모델들을 확장하여 데이터 흐름을

갖고 있는 Finite State Machine with Data flow(FSMD), 계층 구조를 고려한 Hierarchical Finite State Machine(HFSM), State Chart, 소프트웨어의 특성을 고려한 Co-design Finite State Machine(CFSM) 등 다양한 모델이 소개되었다.

시스템 수준의 설계를 위해서는 이를 기술하기 위한 언어도 필요하다. 기존의 디지털 시스템을 설계할 때 응용의 명세를 검증하는 데는 C / C ++, 하드웨어를 기술하기 위해서는 VHDL이나 Verilog와 같은 언어를 사용한다. C / C ++는 순차적 수행을 기본으로 하기 때문에 병렬성을 표현하기 어렵고, VHDL이나 Verilog는 알고리즘을 구현하기에 적합하지 않다. 즉 이러한 언어들은 표현력에 한계가 있어 구체적인 구현과 상관없이 시스템 전체를 표현하기에는 부적합하다. 시스템을 표현하기 위한 언어들로는 SystemC(OSCI), SpecC(UCI), CoWareC(CoWare) 등의 언어가 있다. 이 언어들은 C에 기반을 두고 있지만 소프트웨어뿐만 아니라 하드웨어를 기술할 수 있도록 확장시킨 것이다. 기존에 C를 사용하던 설계자들이 쉽게 배울 수 있고 표현력이 좋다는 장점이 있지만 합성의 관점에서 표현에 제한이 많다. 이러한 언어로 하드웨어를 합성할 경우 VHDL이나 Verilog에 비해 모든 표현을 다 합성할 수 있는 것이 아니기 때문에 합성이 어렵고, 소프트웨어 합성의 경우 합성 결과가 설계자에 의해 직접 설계된 것보다 코드 크기, 속도 면에서 좋은 결과를 얻기 어렵다. [그림 2-5]는 설계방법 변천과정을 그림으로 나타낸 것이다.

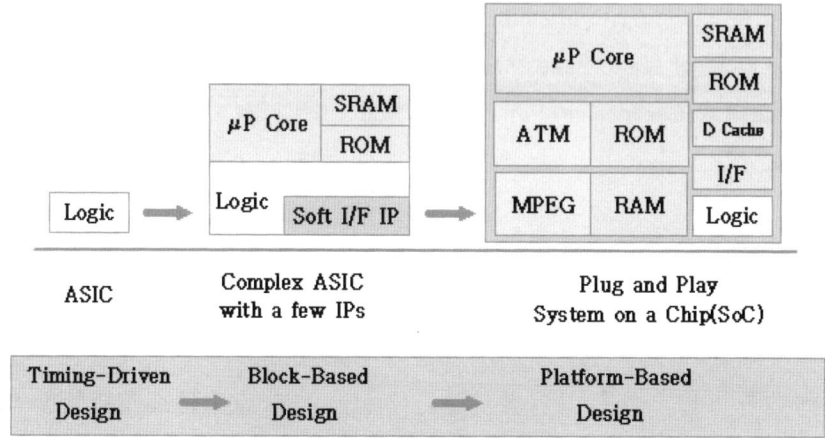

[그림 2-5] 설계방법 변천과정

3. SoC 설계 플랫폼

SoC 플랫폼 기반 설계는 플랫폼을 설계하는 과정과 플랫폼을 사용하여 응용 분야 제품을 적용하는 과정으로 구분할 수 있다. 플랫폼을 설계하는 과정에서는 응용 분야에 따라 IP나 하드웨어 및 소프트웨어 모듈을 특성화하여 선택한 다음 시스템 구조를 결정하고 성능과 전력 소모를 최적화하기 위한 성능 분석 과정을 통해 플랫폼을 결정하고 선택한다. 플랫폼을 사용하는 과정에서는 플랫폼의 응용 분야에 필요한 IP 및 하드웨어 및 소프트웨어 모듈을 최적화하여 통합하고 검증을 실행한다.

플랫폼을 구성하는 과정에서는 먼저 적용하고자 하는 응용 분야의 영역과 제품의 발전 방향을 조사하고 정의한다. 초기 플랫폼을 구성하기 위해서 초기 플랫폼 구조를 구성하는 프로세서와 디지털 신호처리

(Digital Signal Processing)를 선정하고 데이터 전송 및 처리를 위한 On
-chip Bus와 내부 및 외부 메모리를 선택한다. 응용 분야에 적합한 하
드웨어 및 소프트웨어 IP를 결정하고 IP에 필요한 랩퍼(Wrapper)를 설
계한다. 성능 분석 및 플랫폼 선택 및 구성 과정에서 메모리 밴드 폭
과 전력 소모 및 성능들을 분석, 평가하여 응용 분야의 요구사항을 만
족하는 플랫폼을 선택하고 구성한다. 플랫폼 세련(Refinement) 단계에
서는 응용 분야를 개발하기 위한 플랫폼을 조정 및 최적화하는 과정으
로 버스 크기, 클럭 속도 데이터 전송 프로토콜에 따라서 각 모듈들을
최적화한다. 하드웨어와 소프트웨어 모듈을 분할하고 소프트웨어의 사
이클을 측정하여 태스크 스케줄링(Task Scheduling)을 생성한다. 플랫폼
구현과 검증 단계에서는 분할된 소프트웨어 모듈은 플랫폼의 프로세서
에서 실행되며 하드웨어 모듈은 플랫폼에 연결된다. 소프트웨어와 하드
웨어 사이의 혼합 검증을 통해서 구현된 플랫폼을 검증한다.

　플랫폼이란 Cellular Phone의 기지국이나 셋톱박스(Set Top Box)와
같은 특정 응용(Application)에 맞게 구성된 하나의 기본 시스템 구조
다. 플랫폼은 소프트웨어와 주문형 로직, IP의 통합을 통해 주문 생산
되며, 주문형 반도체(ASIC; Application Specific IC) 회사들이 SoC(System
on a Chip)를 구현함으로써 차기 반도체 시장에서의 성공을 기대하고 있
지만, 실제 많은 임베디드 시스템 업체들이 ASIC 개발 업체들의 초기
개발비용을 충분히 보장해 줄 만큼 대량 생산을 하지 못하는 실정이다.
따라서 초기 개발비용과 최소 구매 요구 수량에 대한 부담이 거의 없
는 PLD(Programmable Logic Device)가 SoC 구현을 위한 합리적인 솔
루션으로 주목을 받고 있다.

　시장에서 요구하는 대용량의 복잡한 수백만 게이트 급의 칩을 시기
를 놓치지 않고 적시에 설계하기 위해서 플랫폼 기반 SoC 설계 방법
에서는 칩 설계에 필요한 하드웨어 라이브러리와 소프트웨어 블록들을
다량으로 구비하고 있어야 한다. 하드웨어 라이브러리는 IP를 의미하는
데 재사용 가능한 IP가 구비되어야 한다. 재사용 가능한 IP란 아래와

같은 여러 가지 이유로 인해 그 실현에 어려움이 있다. 첫째로 사용자가 입수된 IP에 대하여 친숙하지 못하며 그 IP 블록이 어느 정도 수준의 설계자에 의한 것인가와 그 검증 정도를 실제 파악할 수 없다는 것이다. 둘째는 사용자가 입수된 IP에 대하여 실제 설계에 적용하기 위해서는 인터페이스 처리, 버스 구조를 파악하는 등에 꽤 많은 시간을 투자해야 한다는 것이다. 셋째는 여러 가지 각종 IP들을 하나의 칩에 효율적으로 집적하기 어렵다는 것이다. 이와 같은 여러 가지의 문제점을 해결하기 위한 방안의 하나로 제시되는 것이 플랫폼 기반 SoC 설계 방법이다. 즉 효율적으로 IP를 재사용하기 위해 총체적인 하드웨어－소프트웨어 플랫폼을 마련하는 것은 거의 불가능하므로 유사한 응용 분야별로 각 분야마다 적합한 플랫폼을 구축하는 것이다. 응용 주문 플랫폼(Application Specific Platform), 즉 각 응용 분야에 적합한 구조를 정의하고 이에 대한 플랫폼을 구현하여 둠으로써 IP와 필요한 소프트웨어에 대한 효율적인 사용이 가능하다. 이 구조는 시스템 설계자에게 높은 유연성을 제공하며 점차적으로 그 사용이 증대되고 있는 기술 분야의 하나로써 앞으로 차세대에 적용할 통신 시스템, 가전 시스템, 자동화 시스템 등의 설계에 대한 해결책으로 제시되고 있다.

SoC 설계와 IP는 불가분의 관계를 갖고 있으며, 얼마나 신속히 관련 IP를 확보하고 효율적으로 이를 설계에 적용하는가가 앞으로의 SoC 설계의 관건이 될 것이다. 즉 사용자는 적당한 IP 비즈니스 모델을 미리 파악하고 해당 IP를 신속하게 구입하여 이를 최대한 신속하게 SoC 설계에 적용하여 효율적으로 이용함으로써 미래의 경쟁에서 이길 수 있을 것이다. 이를 위해 자신에게 적당한 비즈니스 모델을 미리 정립해 두고, IP 공급자들을 미리 파악해 두는 노력이 필요하다. [그림 2-6]은 SoC 기술의 응용 분야, [그림 2-7]은 SoC 플랫폼 구조, [그림 2-8]은 SoC 개발 플랫폼의 일례를 그림으로 나타냈다.

SoC 테크놀로지 플랫폼 구축은 첫 번째로 표준화 기술에 의한 SoC 테크놀로지 플랫폼을 구축하고, 두 번째로 설계 층의 확대, 공통 기술

기반에 의한 협력 확대 및 부담 경감에 의한 제품 창출의 가속 그리고
세 번째로 반도체 산업의 활성화 단계로 이루어진다.

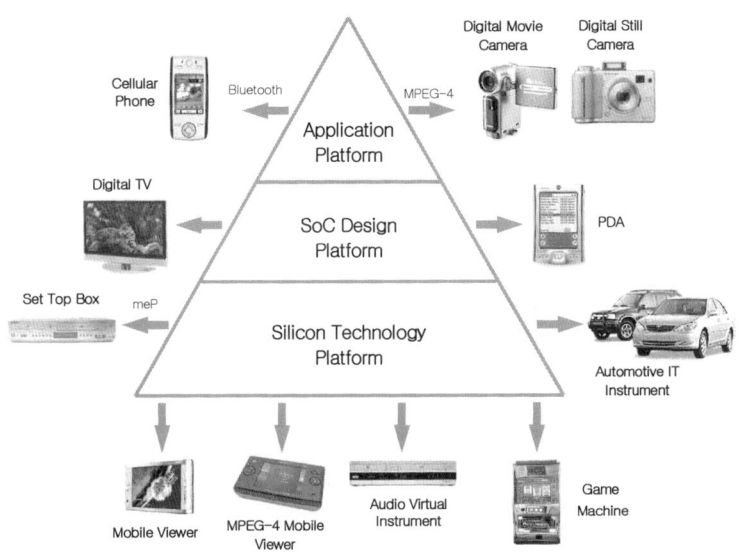

[그림 2-6] SoC 테크놀로지

Customer Specfic IP			
Any CPU Core	CPU Bridge	Cross Switch	Power Manager RTC
			Interrupt Controller
			Watchdog & GP Timers
			Programmed I / O
SRAM			PC / SPI
			2 UARTs
On-chip Memory Controller		Matrix	2 UARTs
			DMA Controller
			User Option
External Memory Controller			User Option
			User Option
			User Option

PCMCIA
USB
802.11
Serial ATA
Ethernet
IDE

[그림 2-7] SoC 플랫폼 구조

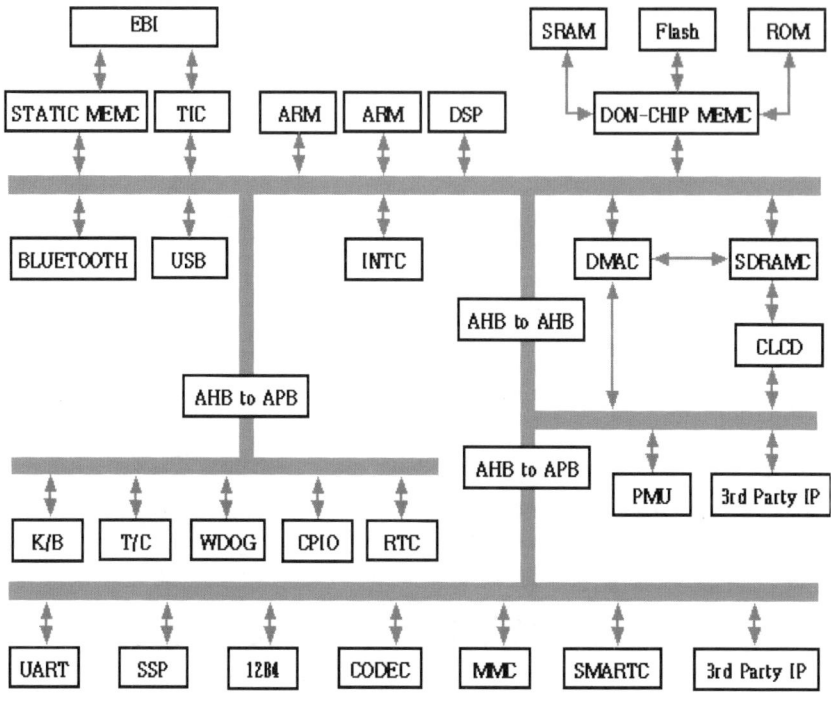

[그림 2-8] SoC 개발 플랫폼의 일례

1) SoC 플랫폼 설계 구성요소

SoC 플랫폼 설계를 위해서는 다음과 같은 구성요소들이 필요하다.

1) 마이크로프로세서 코어(Microprocessor core)
2) 디지털 신호처리 코어(DSP core)
3) 입출력 버스 인터페이스(I / O bus interfaces)
4) 하드웨어 IP 모듈(Digital / Analog, USB, Ethernet MAC, UARTs)
5) 소프트웨어 IP 모듈(Vertical-market software)

6) 실시간 운영체제(RTOS)

7) 미들웨어(device drivers, vocoders, codecs, DSP functions)

8) 프로토콜 스택(TCP / IP, HTTP, Ethernet)

9) 개발 도구(C compiler, assembler, debugger, CPU simulators)

2) SoC 플랫폼 유형

SoC 플랫폼 유형은 풀 어플리케이션 플랫폼(Full Application Platform), 프로그램 가능한 플랫폼(Programmable Platform), 프로세서 중심 플랫폼(Processor Centric Platform), 통신 중심 플랫폼(Communication Centric Platform)으로 구분할 수 있다.

1) 풀 어플리케이션 플랫폼: Texas Instruments사의 OMAP, Philips사의 nExperia, InfineonMgold 등이 있으며, 모든 어플리케이션에 집중되어 있다. 하드웨어 및 소프트웨어의 포괄적인 집합을 제공하며, 여러 개의 매핑(Mapping)과 어플리케이션 예제가 제공된다.

2) 프로그램 가능한 플랫폼: TriscendA7, AlteraExcalibur, XilinxPlatform FPGA, Chameleon 등이 있다. 프로그램 가능한 플랫폼은 재구성 가능성에 집중되어 있으며, 재구성 가능한 프로세서와 프로그램 가능한 로직을 제공한다.

3) 프로세서 중심 플랫폼: ImprovJazz Platform, ARM Micropack, ST Microelectronics ST100, Motorola StarcorePlatform 등이 있다. 프로세서 중심 플랫폼은 프로세서에 집중되어 있으며, 프로세서와 주변장치들과 소프트웨어 드라이버 및 어플리케이션 루틴 제공한다.

4) 통신 중심 플랫폼: SONIC, Palmchip 등이 있다. 통신 중심 플랫
   폼은 통신에 집중되어 있으며, 통신 구조(Framework)와 주변장치
   들을 제공한다.

3) SoC 플랫폼 버스

SoC 설계에서부터 검증까지는 과정이 다양하고 어려워서 오류의 가
능성도 크다. 시스템을 더 복잡하게 하는 것은 검증된 설계 모듈(IP)
간의 연결이다. 32−bit Bus 구조(Address 32−bit, Data 32−bit)를 가진
IP 4개가 서로 직접 연결되어 동작하기 위해서는 192개 Bus line[(32 +
32 bit)×3 =192−bit]이 필요하게 되고, IP가 많아질수록 Data Line은 더
욱더 복잡해지게 된다. 이를 해결하기 위한 한 방법으로 제시된 것이
현재 PCB 구조에서 사용되고 있는 공용버스(Common Bus) 구조다.
 전체 칩 내에서 IP 간의 연결을 공용의 데이터 라인을 사용하여 연
결한다. 32−bit 구조의 IP가 4개를 연결할 경우 공용버스는 (32 +32
bit)=64−bit 라인이 된다. 이 공용버스는 IP의 수가 더 많아져도 같은
비트의 데이터 라인을 갖게 된다. 공용버스를 사용하게 되면 데이터
라인 수가 줄어서 간단하지만 여기에는 두 가지 문제점이 있다. 첫 번
째는 공용버스에는 같은 시간에 한 IP의 데이터밖에 연결될 수 없다는
것이다. 두 번째는 모든 IP의 입출력 구조가 공용버스에 맞추어져야 한
다. 첫 번째 문제를 해결하기 위해 공용버스를 차지할 IP를 선택하는
중재기(Arbiter)가 필요하고. 두 번째 문제를 해결하기 위해 표준화된
버스의 데이터 전송방법이 필요하다. 각 IP도 공용버스에 맞추어 인터
페이스가 만들어져야 한다.
 SoC 플랫폼을 위한 버스로는 AMBA(ARM), CoreConnect(IBM), OCP−
IP(VSIA Standard), SoC−it(MIPS), Wishbone 등이 있다.

(1) AMBA(Advanced Micro-Controller Bus Architecture)

최근 임베디드 분야에서 가장 많이 이용되고 있는 CPU는 ARM이고, 여기에서 제안한 버스구조가 AMBA이다. AMBA 사양은 SoC 설계를 위한 중추적인 역할을 하는 개방형 표준으로서, IP 코어들을 하나로 통합하는 디지털 글루(Digital Glue) 기능을 수행하며, 이 사양은 ARM사의 설계 재사용 전략에서 중요한 역할을 하고 있다. AMBA 인터페이스는 반도체 공정이나 사용하는 CPU 프로세서에 무관하게 사용될 수 있으므로, 다양한 반도체 공정에서 주변회로 및 시스템 매크로 셀(Macro-cell)을 재사용할 수 있게 해 준다.

아래 [그림 2-9] AMBA의 사용 예에 보인 바와 같이 AHB(Advanced High-performance Bus), ASB(Advanced System Bus), APB(Advanced Peripheral Bus)로 속도에 따라 구분되며, AHB와 ASB가 고속의 시스템 버스에 해당되며, APB가 저속의 주변장치들을 위한 버스로서 브리지(Bridge)를 통해 입출력 장치들과 연결된다. AHB는 고성능 시스템의 중추적인 버스로 프로세서 간의 효과적인 연결 및 ON/OFF-칩 메모리 인터페이스로 사용된다. ASB는 고성능 시스템 버스 모듈로 프로세서 간의 연결, ON/OFF-칩 메모리 인터페이스로 사용된다. APB는 저전력 주변장치들과 연결되며, 최소 전력을 소모하고, 주변장치 기능을 제공하기 위한 인터페이스를 간단하게 해 준다.

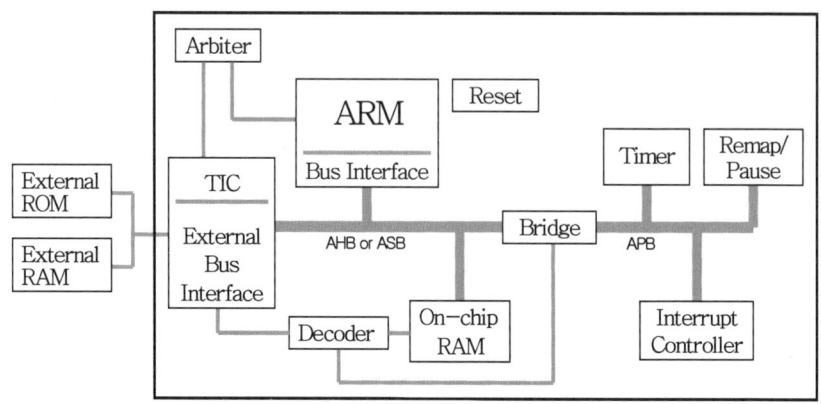

[그림 2-9] AMBA 사용의 예

(2) CoreConnect Architecture(IBM)

1996년 IBM사가 개발한 LSI Chip 내부의 버스 규격으로 IP 코어를 칩 내에서 연결하기 위한 32, 64, 128-bit core on-chip 버스 구조다. CoreConnect의 기본 구조는 PLB(Processor Local Bus), OPB(On-chip Peripheral Bus), 버스 브리지(Bus Bridge), DCR(Device Control Register) 버스로 구성된다. 크게 두 가지로 분류하면, 고속, 광대역, 저지연(Latency)을 필요로 하는 시스템 코어는 PLB로 그렇지 않은 것은 OPB에 접속된다. DCR 버스는 초기 설정, 통상 설정을 변경하지 않는 기능을 제어하기 위해 사용된다.

PLB는 고속이지만, 전체 코어를 PLB에 접속하면 동작이 늦은 코어에 끌려가 고속의 성능을 발휘하지 못하게 된다. 동작이 늦은 코어는 OPB에 접속하고, PLB와는 별개의 버스 브리지를 넣어 데이터 전송을 행한다. 이렇게 함으로써 PLB상의 트래픽(Traffic)이 억제되고, 시스템 전체의 성능이 향상된다. PLB와 OPB는 동기형 버스다. DCR 버스도 기본적으로는 동기형 버스나, Handshake는 비동기적인 동작을 한다. [그림 2-10]은 CoreConnect의 기본 구조를 그림으로 나타낸 것이다.

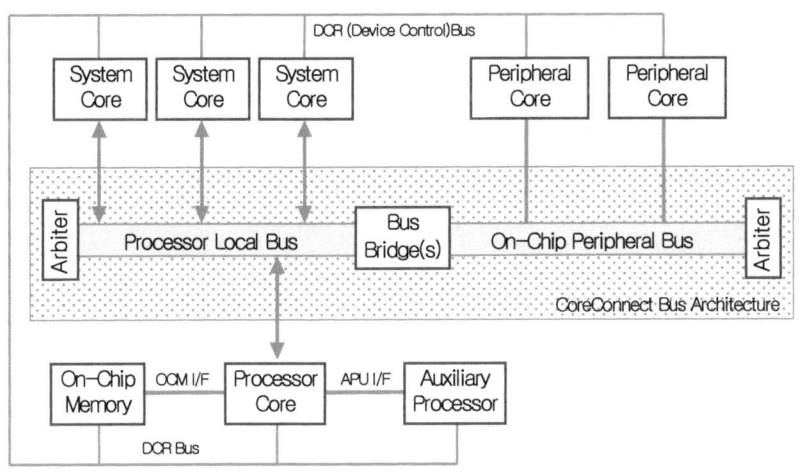

[그림 2-10] CoreConnect의 기본 구조

(3) OCP-IP(VSIA Standard)

OCP-IP(Open Core Protocol-International Partnership)는 비영리의 반도체 산업 단체로 Open Core Protocol(OCP)의 지원 및 장려, 기능 강화 등을 위해 설립된 독립적인 단체다. OCP는 반도체 IP(intellectual property) 코어를 위해 최초로 완전 지원되는 오픈 라이선스 방식의 통합 인터페이스 소켓이다. OCP-IP는 플러그 앤 플레이(plug and play)의 시스템 온 칩(SoC) 제품에서 IP 코어를 재사용할 경우에 공통되는 설계, 검증 및 테스트와 관련된 문제에 대응하는 것을 목적으로 하며, 이를 통해 IP 코어의 재사용을 촉진하고, SoC 설계의 설계 시간, 위험 및 제조비용을 절감하여, 전체적으로 시스템 레벨에서의 통합 조건을 만족시킬 수 있다. 데이터 처리, 통신(무선 또는 유선), 데이터 통신 및 대용량 저장장치 등을 개발하는 설계팀에서는 OCP-IP 솔루션을 이용함으로써 많은 이득을 얻을 수 있다. OCP는 IP Core의 운용을 통신 동작에서 완전히 분리시킴으로써 독립된 IP 코어 설계와 재사용이 가능하며, 복수의 프로세서와 상호 접속 구조를 갖고 있다.

III. 플랫폼에 적합한 3차원 그래픽스 가속기 구조

3차원 그래픽 가속기에 대한 연구는 차세대 가전, 이동용 기기에 적용 가능한 중요한 연구 과제다. 본 장에서는 3차원 그래픽의 기본 원리 및 관련 이론과, 현재 사용되고 있는 대표적인 가속기들을 분석하고, 플랫폼에 적합한 3차원 가속기 구조, SoC 플랫폼에서의 가속기의 기능과 역할에 대하여 설명한다. 그리고 임베디드 시스템상의 2차원, 3차원 기능을 위한 크로스 플랫폼(Cross-platform) API인 OpenGL ES의 구조와 플랫폼 인터페이스 계층, 확장성들에 관하여 서술한다.

1. 3차원 그래픽스 처리 과정

3차원 그래픽 데이터를 처리하는 과정은 [그림 3-1]에서 보는 바와 같이 응용 단계(Application Stage), 지오메트리 단계(Geometry Stage), 셋업 단계(Setup Stage), 래스터라이져 단계(Rasterizer Stage)의 네 단계가 순차로 수행된다[4].

첫 단계인 응용 단계에서는 모델 생성으로 생성된 오브젝트(Object) 데이터를 그래픽 파이프라인으로 처리할 수 있는 데이터로 전달한다. 두 번째 단계 지오메트리 단계에서는 응용 단계에서 생성된 오브젝트 데이터를 받아 기하학적으로 변환하고, 각 정점의 색을 구한다. 세 번째 단계인 셋업 단계에서는 지오메트리 단계에서 처리된 부동소수점 데이터를 정수 데이터로 변환하고, 삼각형의 기울기를 구한다. 삼각형 데이터들은 네 번째 단계 래스터라이져 단계에 입력되어 삼각형 셋업, 변 처리, Span 처리, 텍스쳐 맵핑(Texture Mapping), 투명도 처리, 안개 처리, 깊이 비교, 등의 과정을 거쳐 색상 정보를 가진 픽셀들을 이루게 된다. 이 픽셀들이 디스플레이 장치에 보내지면 하나의 영상을 이루어 화면에서 보이게 된다[5].

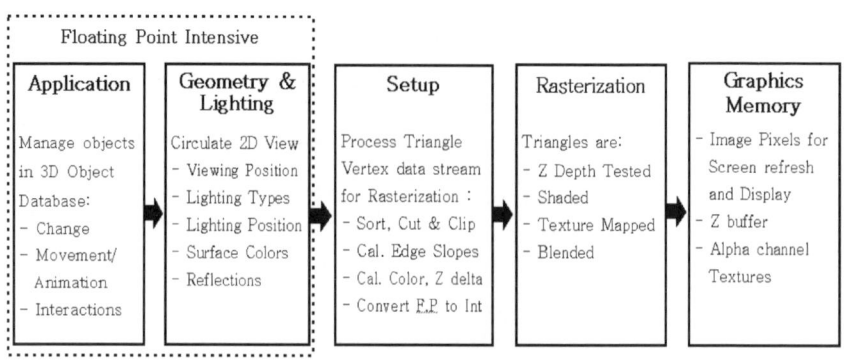

[그림 3-1] 3차원 그래픽 파이프라인 기본 구성

1) 3차원 그래픽스 지오메트리 처리 과정

3차원 그래픽 지오메트리 처리는 데이터베이스 Traversal, 지오메트리 처리와 래스터화(Rasterization)가 순차적으로 수행되는 3단계로 이루어 진다[6, 7]. 데이터베이스 Traversal 단계는 모델 생성(Model Generation)으로 생성된 오브젝트의 데이터베이스를 그래픽 파이프라인에서 처리할 수 있는 데이터로 전달하는 과정이다. 지오메트리 처리는 앞 단계에서 생성된 데이터를 기하학적으로 변환시키는 과정이다. 래스터화는 지오메트리 처리에 의해 변환된 프리미티브(점, 선, 삼각형 등)들을 프레임 버퍼에 픽셀 데이터 값으로 변환시키는 과정이다[8]. 지오메트리 처리는 호스트(HOST)에 의해 처리된 모델 데이터의 정보들을 입력으로 받아 처리한다. 모델 데이터는 한 좌표의 정보, 각 좌표의 수직 방향을 나타내는 Normal Vector, 물질과 광원의 Ambient, Diffuse, Specular 색깔 정보와 각 단계에서 요구되는 파라미터들이 포함된다. 지오메트리 처리는 [그림 3-2]에서 보는 바와 같이 객체 모델 데이터에 대한 공간상의 위치 변환을 처리하는 변환 과정과 모델 데이터를 구성하는 각 정점의 빛에 대한 색 계산을 하는 광원처리(Lighting) 과정으로 모델 변환, Normal 변환, 라이팅, 클리핑(Clipping), 투영(Projection), View 변환으로 구성된다[9].

(1) 변환 처리(Transformation Processing)

변환 처리(Transformation Processing) 과정에서는 동차좌표(Homogeneous Coordinates)를 사용하여 모델 1의 정점 좌표를 x, y, z, w로 나타낸다. 이는 모델의 정점 좌표 변환 시 크기 변환, 회전 변환과 이동 변환을 동시에 한번의 4×4 변환 행렬 곱셈으로 처리할 수 있으며, 이 특성은 3차원 그래픽 처리에서 매우 유용하다. 동차좌표는 모델 정점 좌표에서 w를 1로 설정하고, 4×4 변환 행렬의 마지막 대각 성분에 1을 넣어 사용한다[10].

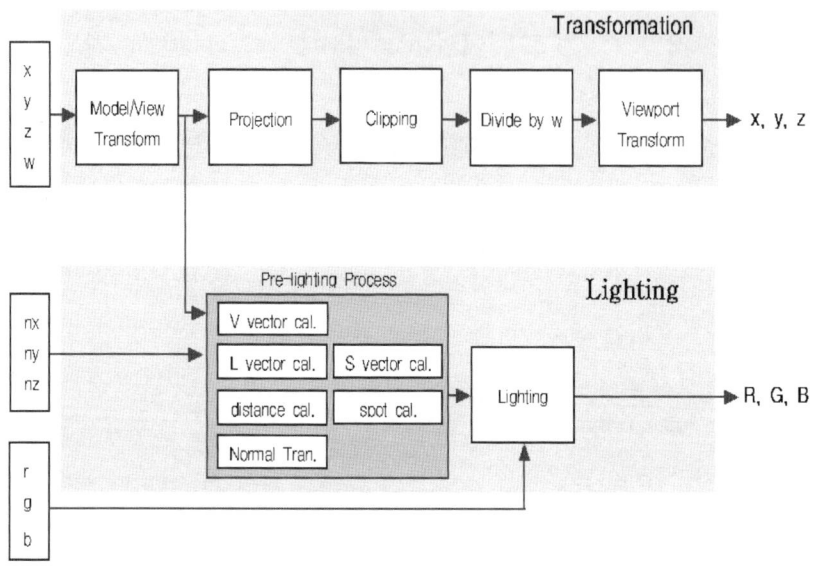

[그림 3-2] 3차원 그래픽 지오메트리 처리 과정

변환 처리 과정은 모델의 좌표를 시점(View Point)과 이동 정보로 변환하는 모델 / 뷰 변환 과정, 3차원 뷰 볼륨(View Volume)으로 투영하는 프로젝션 과정, 뷰 볼륨 밖에 위치하는 모델의 정점을 절단하는 클리핑(Clipping) 과정, 모델의 정점 좌표 x, y, z를 w로 나누는 Divide by w 과정과 2차원 화면 좌표로 모델 좌표를 변환하는 시점 변환(Viewport Transformation) 과정으로 구성된다.

(2) 모델 / 뷰 변환

모델 / 뷰 변환은 시점(View Point)의 위치와 방향에 따라서 화면에 디스플레이될 모델의 위치를 변환하는 단계다. 이 단계에서 객체는 객체좌표에서 시점 좌표계(Eye Coordinate System)로 변환된다. 이 과정은 다른 변환 단계 이전에 수행되어야 한다. 모델 변환 단계는 객체를 이루는 부분을 조작하는 데 사용된다. 이 단계에서 객체의 위치를 옮기고(Translation), 객체를 회전시키며(Rotation), 그 모양과 크기를 확대 또는 축소(Scaling)한다[11].

정점(x, y, z)은 원점을 기준으로 표현된 객체의 좌표점이다. 모델을 만들기 위해 사용한 기본 모델(Raw Model) 좌표계를 관측점(viewpoint)에서 보았을 때 위치(눈을 원점으로 간주)하는 좌표계로 변환한다. 이 때 사용되는 행렬은 모델 뷰 행렬이다. 첫 번째 변환에서는 원점을 기준으로 하는 객체 좌표계(기본 모델 좌표계)의 좌표점을 관측점(눈 / 카메라)을 원점으로 하는 실세계 좌표계의 한 점으로 변환한다.

가. 평행이동 변환(Translation)

모델의 좌표를 한 위치에서 다른 위치로 변경하는 것은 평행이동 변환 행렬 T로 표현된다. 이 행렬은 하나의 벡터(Vector) t =(tx, ty, tz)를 이용하여 모델의 좌표를 평행이동시킨다. T는 다음 [식 3−1]과 같다.

$$T(t) = T(t_x, t_y, t_z) = P_0 = \begin{bmatrix} 1 & 0 & 0 & t_x \\ 0 & 1 & 0 & t_y \\ 0 & 0 & 1 & t_z \\ 0 & 0 & 0 & 1 \end{bmatrix} \qquad \text{[식 3−1]}$$

[그림 3−3]은 한 점 p =(px, py, pz, 1)을 T(t)와 곱하면 새로운 점 p' =(px +tx, Py +ty, pz +tz, 1)이라는 새로운 점이 나오는 것을 그림으로 나타낸 것이다.

44

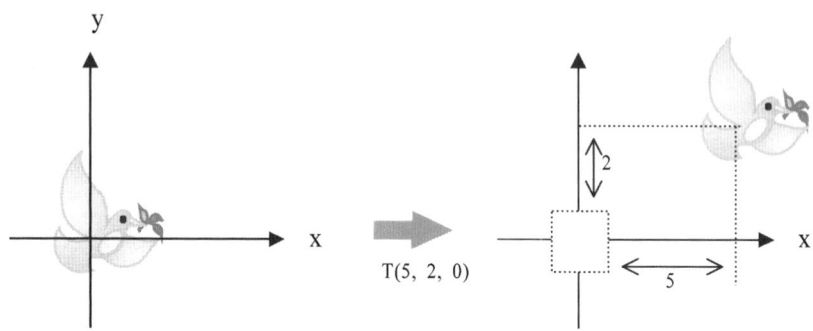

[그림 3-3] 평행이동 변환

나. 회전 변환(Rotation)

모델의 좌표를 회전시키는 회전 변환은 회전 행렬 Rx(Ø), Ry(Ø), Rz(Ø)에 의해 표현된다. 이것들은 하나의 개체를 x, y, z축 주위로 각각 Ø Radian만큼 회전시킨다. 이러한 회전 행렬들은 [식 3-2], [식 3-3], [식 3-3]으로 나타낼 수 있다.

$$Rx(\varnothing) = \begin{bmatrix} 1 & 0 & 0 & 0 \\ 0 & \cos\varnothing & -\sin\varnothing & 0 \\ 0 & \sin\varnothing & \cos\varnothing & 0 \\ 0 & 0 & 0 & 1 \end{bmatrix} \quad [식 3-2]$$

$$Ry(\varnothing) = \begin{bmatrix} \cos\varnothing & 0 & \sin\varnothing & 0 \\ 0 & 1 & 0 & 0 \\ -\sin\varnothing & 0 & \cos\varnothing & 0 \\ 0 & 0 & 0 & 1 \end{bmatrix} \quad [식 3-3]$$

$$Rz(\varnothing) = \begin{bmatrix} \cos\varnothing & -\sin\varnothing & 0 & 0 \\ \sin\varnothing & \cos\varnothing & 0 & 0 \\ 0 & 0 & 1 & 0 \\ 0 & 0 & 0 & 1 \end{bmatrix} \quad [식 3-4]$$

회전 행렬 Ri(Ø)는 모델을 i축 주위로 Ø 라디안(Radian)만큼 회전시킨다는 것을 의미하며 모든 회전 행렬은 직교 행렬이므로 R-1=RT가 된다. 이 성질은 회전 행렬을 임의의 횟수만큼 결합하여도 그대로 유지된다. 일반적으로 회전 변환 행렬 R은 Rx(Ø), Ry(Ø), Rz(Ø)를 곱해서 혼합한 4×4 행렬로 나타낸다. [그림 3-3]은 모델의 회전 변환을 나타낸다[12].

다. 크기 변환(Scaling)

모델 좌표의 크기를 조정하는 크기 변환 행렬 S(s)=S(sx, sy, sz)는 한 모델의 좌표를 x, y, z 방향으로 각각 sx, sy, sz 배만큼 확대 또는 축소한다. 이것은 크기 행렬이 물체를 크게 만들 수도 있고, 작게 만들 수도 있음을 의미한다. si(i∈{x, y, z})가 크면 클수록 물체는 그 방향으로 커진다. s의 각 성분 중 어떤 것이든지 1로 설정하면 그 방향으로는 크기가 변하지 않는다. 크기 조정 행렬은 [식 3-5]로 나타낼 수 있다.

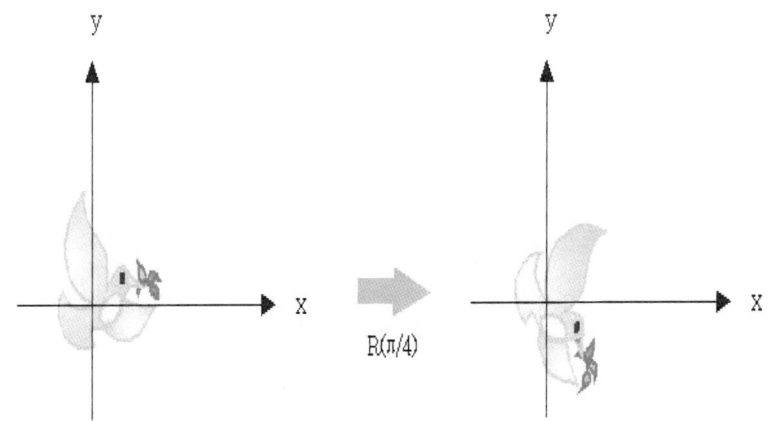

$R(\pi/4)$

[그림 3-4] 모델의 회전 변환

$$S(s) = S(s_x, s_y, s_z) = P_0 = \begin{bmatrix} s_x & 0 & 0 & 0 \\ 0 & s_y & 0 & 0 \\ 0 & 0 & s_z & 0 \\ 0 & 0 & 0 & 1 \end{bmatrix}$$ [식 3-5]

[식 3-5]에서 sx=sy=sz인 경우의 크기 변환을 균등 크기 변환 (Uniform Scaling)이라 하고, 그렇지 않은 경우를 비균등 크기 변환 (Nonuniform Scaling)이라 한다. [그림 3-5] (a)는 균등 크기 변환 [그림 3-5] (b)는 비균등 크기 변환의 예다.

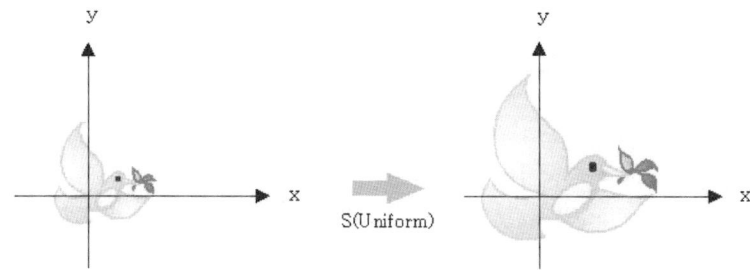

[그림 3-5] (a) 균등 크기 변환(Uniform Scaling)

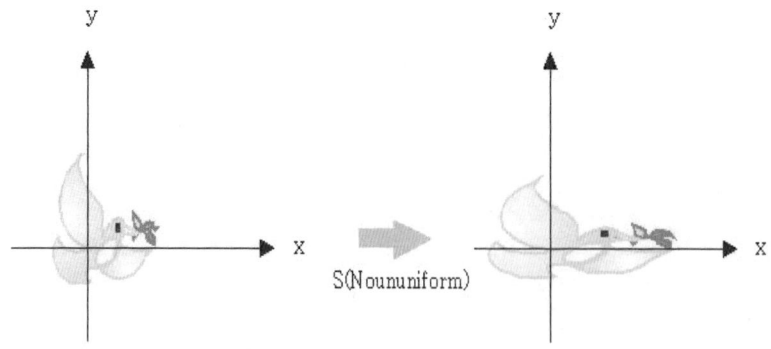

[그림 3-5] (b) 비균등 크기 변환(Nonuniform Scaling)

라. 변환 행렬의 결합(Concatenation of Transform)

모델 / 뷰 변환(Model / View Transformation)은 모델의 이동, 회전, 크기 변환으로 이루어지며, 이동, 회전, 크기 변환 행렬의 곱셈 연산으로 결합한 4×4 행렬 M으로 나타낸다. 효율을 높이기 위해서 일련의 행렬들을 하나로 결합한다[13]. 예로서 수천 개의 정점으로 구성된 모델을 크기 조정, 회전 변환 후 마지막으로 평행이동 변환되어야 한다면, 모든 정점들을 세 행렬들과 각각 곱하는 대신 세 행렬을 하나로 결합한 뒤에 그 행렬들을 모든 점들에 곱해 주는 것이 더 효율적임을 알 수 있다. 모델 / 뷰 변환 과정은 [그림 3-6]과 같이 이동, 회전, 크기 변환 행렬을 곱셈 연산으로 결합한 4×4 모델 / 뷰 행렬 M과 x, y, z, w로 구성된 모델의 좌표 4×1 행렬을 곱하여 이동, 회전, 크기 변환된 새로운 모델 좌표 4×1 행렬을 구한다. [그림 3-7]은 모델 / 뷰 변환의 예를 보인 것이다.

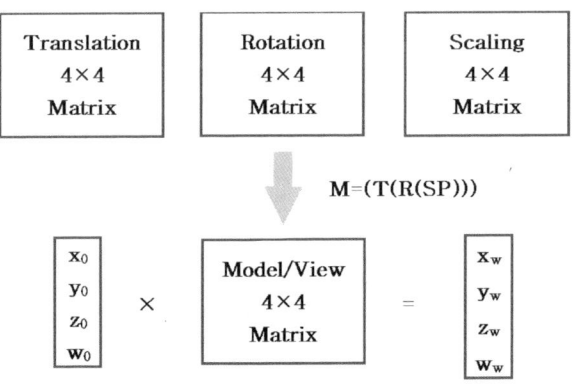

[그림 3-6] 모델 / 뷰 변환 과정

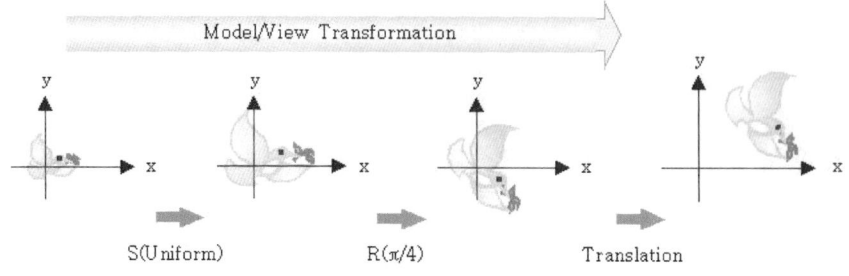

S(Uniform)   R(π/4)   Translation

[그림 3-7] 모델 / 뷰 변환 과정의 예

(3) 투영, 절단 시험을 통한 영역 결정

　모델/뷰 변환 처리를 한 다음 3차원 그래픽 시스템은 투영(Projection)
을 한다. 투영 단계에서는 3차원 공간에서 실제로 표시되는 영역인 뷰/볼
륨을 정의하여 뷰 볼륨의 외부 평면인 클리핑 평면을 만들게 된다. 이 과
정에서 완성된 장면을 최종 스크린 이미지로 어떻게 옮길 것인지를 결정하
게 되고 기존의 시점 좌표계의 정점들을 클립 좌표계(Clip Coordinate
System)로 변환된다. 이 단계에서는 생성된 Clipping 평면에 의해 객체의
정점들의 좌표가 뷰 볼륨 내부에 있는지 검사하는 클립 테스트(Clip Test)
과정도 함께 수행된다.

　대표적인 두 가지 투영 방법으로 직교 투영(Orthographic Projection)
과 원근 투영(Perspective Projection)이 있다. 직교 투영에서 시야 영역
은 보통 직사각형 상자 모양이고, 직교 투영에 의해 이러한 시야 볼륨
은 단위 정육면체로 변환된다. 직교 투영의 주된 특징은 평행선이 변
환 후에도 평행을 유지한다는 것이다. 이 변환은 이동과 크기의 변환
의 조합으로 표현된다. 원근 투영은 물체가 카메라에서 멀어질수록 투
영한 후에 더 작게 보인다. 또한 평행선은 수평선에서 한 점으로 수렴
할 수도 있다. 투영 변환은 모델/뷰 변환 과정에서 변환된 모델의 좌
표와 투영 행렬을 곱하여 클립 좌표로 이동하는 것으로 [그림 3-8]과

같이 직교 투영 행렬을 또는 투영 4×4 행렬과 모델의 좌표 4×1 행렬을 곱하여 새로운 모델 좌표 4×1을 구하는 것이다. 모델 / 뷰 변환들은 모델 좌표의 네 번째 요소인 w 성분에는 영향을 주지 않는다. 즉 변환을 한 후에도 w가 1인 동차좌표를 유지한다. 4×4 M 행렬에서 마지막 행은 항상 [0001]의 값을 가진다. 원근 투영 행렬은 이러한 두 가지 성질을 갖지 않는다. 원근 투영 행렬의 마지막 행은 특정 수치를 가지는 벡터나 점을 포함하며, 투영 변환 후 새로운 모델 좌표의 w는 1이 아닐 수도 있으므로 이를 동차화하기 위해 [그림 3-9]와 같이 x, y, z, w 값들을 w로 나눠주는 작업이 필요하다. 직교 투영의 경우 모델 / 뷰 변환과 같이 투영 변환 후에도 w 성분에 영향을 주지 않고, w가 1인 동차좌표를 유지한다[14, 15].

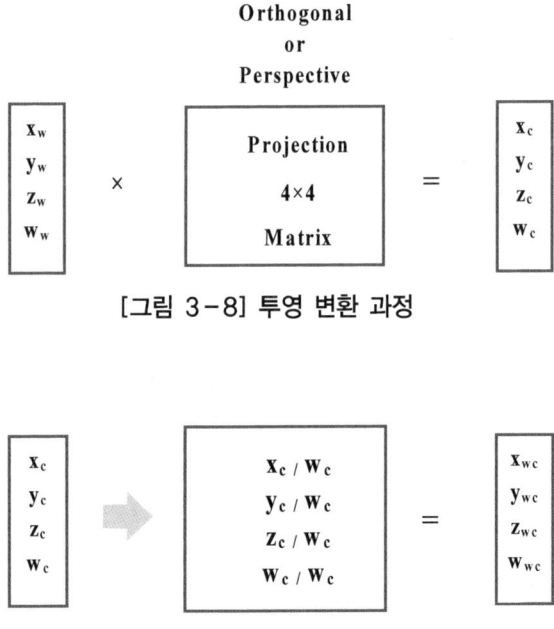

[그림 3-8] 투영 변환 과정

[그림 3-9] Divide by w 동차화 과정

(4) 절단(Clipping)

모델의 전역 좌표가 화면의 경계선을 넘는 경우 그 상태에서 원근 변환을 사용하면 오류가 발생할 수 있다. 특히 모델의 좌표 중 z가 0 인 경우 0으로 나누는 오류가 발생하며, z가 0보다 작으면 객체가 관찰자 뒤로 가게 된다. 이러한 오류를 해결하기 위해 투영 변환 후 모델을 구성하는 정점들의 좌표가 뷰 볼륨의 안쪽에 있는지 여부를 확인한다. 뷰 볼륨은 3차원 공간에서 관찰자로부터 보이는 영역을 말하며, 뷰 볼륨 바깥에 있는 정점들은 관찰자로부터 보이지 않는 정점이므로 [그림 3-10]과 같이 절단(Clipping)하여야 한다. [그림 3-11]은 투영 변환 후 변환된 새로운 정점에 대해 좌표의 범위를 비교하여 뷰 볼륨 안쪽에 있는지의 여부를 검사하는 과정을 나타낸다[14].

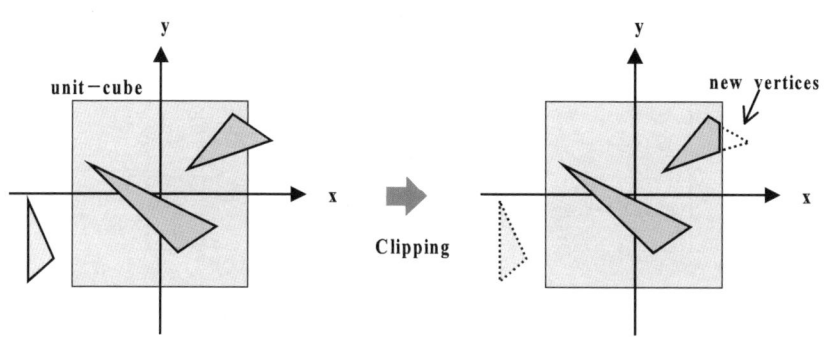

[그림 3-10] 클리핑(Clipping) 처리

View Volume Clipping

$$-Wc \leq Xc \leq Wc$$
$$-Wc \leq Yc \leq Wc$$
$$-Wc \leq Zc \leq Wc$$

[그림 3-11] 클리핑 테스트 과정

(5) 시점 변환(Viewport Transformation)

시점(Viewport)이란 화면상에서 그림이 실제로 그려질 영역을 나타낸다. 즉 윈도우의 전체에 그림을 나타낼 것인가 아니면 일부분에 나타낼 것인가를 지정하는 것으로 GL-Viewport 함수를 이용하여 지정한다. 시점 변환은 실제 윈도우 좌표에의 마지막 변환으로서 모든 것이 설정되면 장면의 2차원적 투영이 화면의 어딘가에 배치되고, 최종 이미지를 매핑(Mapping)할 윈도우에 픽셀 사각형을 정의하고 2차원 화면상에 우리가 그린 물체가 보일 2차원 사각 영역을 설정하고, 윈도우 창에서 우리가 보고 싶은 영역까지만 출력할 수 있게 한다. 그림을 실제로 화면의 윈도우에 좌표에 맞춰서 변환하는 작업이다.

투영 변환에서 설정한 뷰 볼륨의 폭과 높이가 이미지를 표현하는 스크린(Screen)과 실제로 일치하지 않는다. 따라서 시점 변환은 투영 변화에 의해 클립 좌표계로 변환된 모델의 좌표를 실제적인 스크린의 2차원의 윈도우 좌표계(Window Coordinate System)로 변환하는 과정이 필요하다. 이 변환 과정은 [그림 3-12]와 같이 뷰 볼륨 내의 모델들이 윈도우 화면 영역 안에 설정된 뷰 포트(Viewport)로 좌표가 변환되는 것을 의미한다. 뷰 포트는 2차원 공간이므로 [그림 2-13]과 같이 모델의 x, y에 대해 이동, 크기 조정 변환 값을 적용하는 과정이다.

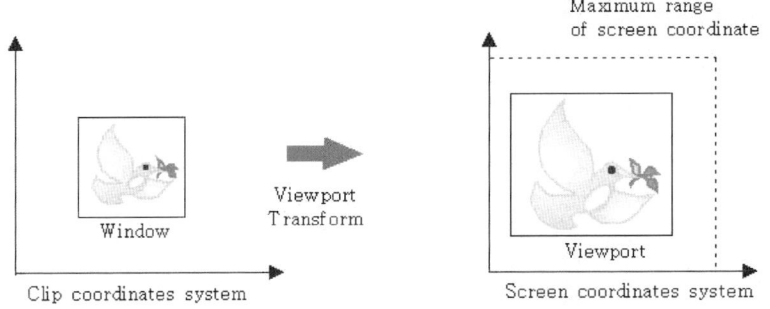

[그림 3-12] 뷰포트 변환

$$\begin{array}{|c|}\hline x_{wc} \ * \ s+t \\ x_{wc} \ * \ s+t \\ \hline \end{array} \quad = \quad \begin{array}{|c|}\hline x'_{wc} \\ y'_{wc} \\ \hline \end{array}$$

[그림 3-13] 뷰 포트 변환 과정

2) 라이팅 처리 과정

모델/뷰 변환 단계가 끝나면 3차원 공간에서의 빛의 요소를 고려하여 물체의 색을 결정한다. 라이팅(lighting) 단계는 빛의 요소가 적용되었을 때 빛의 세기로 인한 객체의 각 정점에 대한 실제 색상을 계산하는 과정이다[15].

라이팅 처리 과정은 모델의 정점에 대한 수직 방향을 나타내는 Normal 벡터 변환, 광원에 대한 반사율을 계산하기 위한 방향 벡터인 L, S 벡터 계산, 광원의 감쇠효과 계산을 위한 광원과 모델의 정점 간의 거리 D의 계산, 집중 조명, 광원 처리를 위한 점(Spot), 효과(Effect) 계산과 이를 이용하여 모델의 정점에 대한 색 R, G, B를 계산하는 과정으로 구성된다[16, 17].

3차원 그래픽에서 모델에 대한 정점의 색을 계산하는 식은 광원이 어떻게 물체 재질의 매개 변수들과 상호 작용을 하는지를 결정하고, 화면상에 특정 물체가 점유하고 있는 정점들의 색상을 결정한다. 이는 조명효과가 광원으로부터 나온 빛에만 영향을 받고, 다른 표면에서 나온 빛에는 영향을 받지 않는다는 것을 의미한다. 조명효과는 주변광, 난반사 그리고 정반사 성분에 의해 결정된다. 실제로 전체 조명 강도 i_{tot}는 [식 3-6]에서 보는 바와 같이 이러한 성분들의 합으로 나타낸다. 식에서 $\| S_{POS} - P \|$ 는 광원의 위치 S_{POS}로부터 쉐이딩(Shading)될 점 P까지의 거리, Sl 선형(1차) 감쇠, S_q는 2차 감쇠, S_c는 정적 감쇠를 조절하는 항이다.

$$i_{tot} = a_{glob} \otimes m_{amb} + m_{emi} + \sum_{k=1}^{n} c_{spot}^{k}(i_{amb}^{k} + d^{k}(i_{diff}^{k} + i_{spec}^{k}))$$

$$= a_{glob} \otimes m_{amb} + m_{emi} + \sum_{k=1}^{n} \max(-l_k \cdot s_{dir}^{k}, 0)^{s_{exp}^{k}}(m_{amb} \otimes s_{amb}^{k}$$

$$+ \frac{\max((n \cdot l^{k}), 0)m_{diff} \otimes S_{diff}^{k} + \max((n \cdot h^{k}), 0)^{m_{shi}} m_{spec} \otimes s_{spec}^{k}}{s_{c}^{k} + S_{l}^{k} \| s_{pos}^{k} - p \| + s_{q}^{k} \| s_{pos}^{k} - p \|^{2}}$$

[식 3-6]

2. 대표적인 지오메트리 가속기 구조

이 절에서는 이미 발표된 지오메트리 가속기 구조에 대하여 알아본다. 지오메트리 가속기는 지오메트리 데이터의 병렬성을 이용하여 많은 양의 3차원 데이터를 처리한다. 지오메트리 가속기는 범용컴퓨터, PDA, 모바일 폰, 3차원 그래픽 게임기 등에 널리 사용되고 있으며, 3차원 그래픽 데이터의 병렬성을 이용하는 구조를 채택하여 처리 과정을 가속화하고 있다.

1) SATINE

SATINE는 KAIST에서 개발한 3차원 지오메트리 연산을 가속하기 위한 보조 프로세서다[18]. SATINE 프로세서는 고성능, 저전력을 위해 벡터 부동소수점 유닛 대신 3차원 지오메트리 연산에 최적화된 4 way 128-bit 정수 SIMD 유닛을 사용하였다. 3차원 모델의 정점 계산 성능을 최대화하기 위해 스트림 처리(stream processing), 스크립트 실행 기능이 사용되었고, 주 프로세서와 SATINE 보조 프로세서의 데이터 패스를 동시에 사용하기 위해 MRI(Master Request Interface)가 설계되었다. [그림 3-14]는 SATINE Co-processor의 블록도를 나타낸 것이다.

2) Hitachi의 SH4

SH4는 게임기 드림 캐스트(DreamCast)에 탑재되어 있으며 주로 지오메트리 연산을 수행한다[19]. SH4는 32개의 부동소수점 레지스터를 갖고 있으며, 4개의 부동소수점 레지스터가 한 개의 벡터 레지스터로 리맵핑(Remapping)되어 벡터 연산의 연산자로 활용된다. 또한 Inner Product Unit을 갖고 있어 다음 [식 3-7]을 하나의 명령어로 처리할 수 있다.

$$\mathrm{m}0 \times ox + \mathrm{m}4 \times oy + \mathrm{m}8 \times oz + \mathrm{m}12 \times ow \qquad \text{[식 3-7]}$$

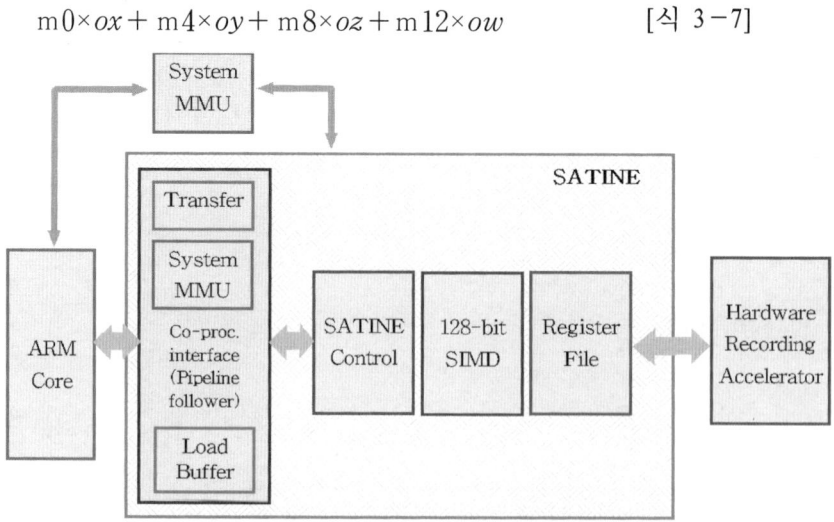

[그림 3-14] SATINE 보조 프로세서

3) Sony의 Emotion Engine

게임기 'PlayStation 2'에 탑재되어 있는 Emotion Engine은 동시에 64
-bit 명령어 두 개가 수행되고, 한 개의 64-bit 명령어는 두 개의 32
-bit 명령어를 포함하는 VLIW 형태다. 또한 32개의 128-bit 부동소수
점 레지스터를 갖고 있으며, 한 개의 레지스터는 32-bit 부동소수점
값 네 개를 갖는다[20].

Emotion Engine은 두 개의 VPU(Vector Processor Unit)를 갖는다. 각
각의 VPU는 64-bit VLIW 명령어를 처리하며 4개의 FMAC와 Load /
Store Unit, FDIV, SQRT, intALU를 갖는다. VLIW(Very Long
Instruction Word) 명령어는 32-bit Upper 명령어와 Lower 명령어로 나
눠진다. Upper 명령어에서는 네 개의 FMAC Unit을 이용한 벡터 연산
이 수행되고, Lower 명령어에서는 그 외의 연산이 수행된다. Emotion
Engine은 오브젝트 단위로 병렬처리된다. 예를 들면 게임 데이터 처리
시 한 개의 VPU는 배경 등의 정적인 물체의 지오메트리 계산을 하고,
다른 VPU는 캐릭터 같이 움직이는 물체를 계산한다.

4) nVidia T&L Engine

nVidia에서 출시된 범용컴퓨터용 3차원 그래픽 가속기 'Geforce 2'에
장착된 지오메트리 가속기가 하드웨어 T&L(Transformation and Lighting)
엔진이다. T&L 엔진은 변환(Transformation) 모듈과 라이팅(Lighting) 모
듈로 구성되어 있으며, 변환 연산(Model, Normal, Projection)과 클리핑
연산은 변환 모듈에서 처리되며 그 결과는 라이팅 모듈에 입력이 되어
라이팅 계산이 이루어진다. 변환 모듈에는 4개의 곱셈기(Multiplier)와 3
개의 가산기(Adder)로 구성된 유닛이 행렬 곱셈을 고속으로 처리하며, 라

이팅 모듈은 3개의 곱셈기와 3개의 가산기, 2개의 MAC 연산기가 있어 라이팅 연산을 효과적으로 처리할 수 있다[21]. 이 구조는 지오메트리 처리 단계의 일부분을 파이프라인 단계로 정의하고, 각 단계에 맞는 기능 유닛들을 둠으로써 파이프라인을 형성시켜 지오메트리 처리를 가속시켰다. 또한 각 기능유닛에 데이터를 분배하는 과정이 필요 없으며, 프로세서의 제어가 다른 구조에 비해 훨씬 간단하다[22]. 반면에 시간이 가장 오래걸리는 단계에 의해 전체 성능이 좌우되며, 각 단계들의 연산의 양이 균형을 유지하지 못하기 때문에 전체의 성능의 제한이 있게 된다. 또한 새로운 알고리즘을 위한 하드웨어 수정이 어려워 확장성에 문제가 있다[23].

5) ARM의 ARM10

모바일 환경에서 주로 사용되고 있는 ARM 프로세서에 벡터 연산을 수행하는 보조프로세서(Co-processor)가 추가된 형태가 ARM10이다. 이 보조 프로세서는 8개의 단정도(Single-Precision) 부동소수점이나 4개의 배정도(Double-Precision)의 부동소수점의 Load / Store 연산을 수행한다. 지오메트리 연산은 수십만 개에 이르는 좌표데이터 각각의 성분(x, y, z, w)을 각각 메모리로부터 읽어 들여서 처리해야 하므로 적재 / 저장에 대한 연산이 많다. 그러므로 이 부분에서 탁월한 성능 향상을 꾀할 수 있다[24]. 초기버전(VFPv1)에서는 배정도(Double-Precision) 연산이 선택 사양이었으나, 현재 출시되고 있는 VFPv1D 버전에서는 단정도, 배정도 연산을 모두 지원하고, VFPv1xD 버전에서는 단정도 연산만 지원한다. 또한 32개의 32-bit 범용 레지스터를 갖고 각각의 레지스터는 단정도 부동소수점 또는 정수 형태의 Data를 갖는다[25].

6) Xbox

Xbox는 Microsoft와 NVidia에서 만든 게임 콘솔이다. Xbox의 GPU (Graphic Processor Unit)는 GeForce3 가속기를 확장한 것이다. GPU의 블록도를 보면 Xbox의 지오메트리 단계는 프로그램 가능한 버텍스 쉐이더 (Vertex Shader)를 지원한다. Xbox의 지오메트리 단계는 두 개의 버텍스 쉐이더 유닛을 가지고 있어 처리량을 두 배로 증가시킬 수 있다. 버텍스 쉐이더는 기본적으로 정점 프로그램을 실행하는 SMID CPU이다. 하드웨어 디자인이 파이프라인된 CPU와 유사하지만 분기를 하지 않기 때문에 간단하다. 지오메트리 단계에는 3개의 캐쉬가 있고, 버텍스 쉐이더 앞에 있는 캐쉬는 Pre T&L, 버텍스 쉐이더 바로 뒤에 있는 것을 Post T&L이라 한다. Pre T&L은 4KB의 저장 공간을 가지고 있고, Post T&L은 약 16개의 정점 정보를 저장할 수 있는 저장 공간을 갖고 있다.

7) SGI의 InfiniteReality

SGI의 InfiniteReality는 병렬성이 높은 Sort−Middle 구조다. InfiniteReality의 지오메트리 단계는 [그림 3−15]에서 보는 바와 같이 Host 인터페이스 프로세서(HIP), 지오메트리 분배기(Geometry Distributer), 4개의 지오메트리 엔진, 지오메트리 래스터 FIFO 큐(Queue)로 구성된다. Host 인터페이스 프로세서의 주요 기능은 나머지 그래픽 시스템이 일을 하여야 하는지를 결정하는 것이다. Host 인터페이스 프로세서를 통과한 데이터는 지오메트리 분배기(Distributer)로 보내진다. 지오메트리 분배기는 데이터를 최소 작업 방식으로 지오메트리 엔진으로 보내지고, 지오메트리 분배기로부터 각 그래픽 명령들은 번호를 할당받는다. 이는 FIFO 큐(Queue)가 기본 요소들의 순서를 다시 생성할 수 있게 하기 위한 것이다. 지오메트리 엔진에서 정점(Vertex)은 세 좌표의 값(x, y, z)으로 이루어져 있고, 이들은 모두 지오메트리 연산을 받기 때문에 지오메트리 엔진의 중심부는 SIMD 형식으로 동작하는 3개의 부동소수점 코어(Core)로 구성된다. 이는 각 지오메트리 엔진이 3차원 정점 3개의 좌표를 병렬로 처리한다는 것을 의미한다. 부동소수점 코어에 의해 정점 처리가 끝난 후에는 부동소수점에서 고정소수점으로 변환된다. 지오메트리 엔진의 결과는 지오메트리 레지스터 FIFO 큐로 전달되며 FIFO 큐는 지오메트리 엔진의 결과들을 받아서 처리된 순서대로 정렬한다. 이 FIFO는 최대 65,536개의 정점들을 저장할 수 있다.

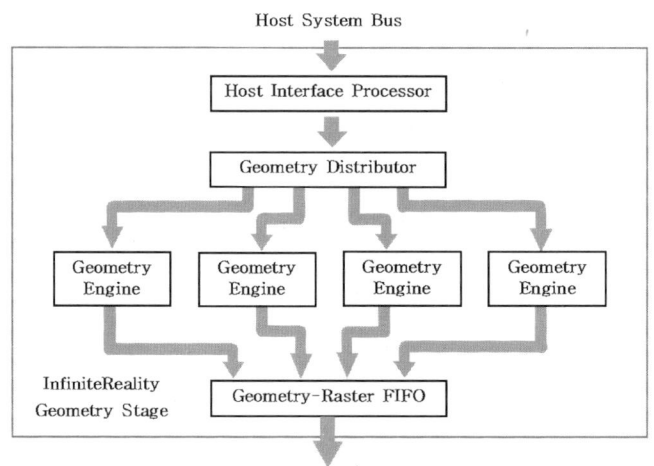

[그림 3-15] SGI사의 InfiniteReality

8) SoC 플랫폼에서 3차원 그래픽 가속기

[그림 3-16]은 SoC 플랫폼에서 3차원 그래픽 가속기의 기능 블록 부분을 나타낸 것이다. [그림 3-16]에서 3차원 그래픽 엔진은 2개의

기능 블록의 IP로 구성된다. 하나는 지오메트리 프로세서이고, 다른 하나는 Rasterization 프로세서다. 이 두 개의 기능 블록은 각각 정점/삼각형(Vertex / Triangle), 픽셀(Pixel)을 처리한다. 지오메트리 프로세서는 부동소수점 연산을 통해서 행렬의 곱셈으로 이루어진 변환 및 라이팅(Lighting)을 수행하고, 일반적으로 SIMD 형태의 데이터 패스를 갖는다. Rasterization 프로세서는 픽셀 단계의 고정소수점 연산을 수행한다. 메모리를 참조하지만 일반적인 CPU 구조가 아닌, 하드와이어드 블록 형태다.

[그림 3-17]은 3차원 그래픽 가속기 기능 블록의 내부 구조를 블록도로 나타낸 것이다. 그림에서 보는 바와 같이 지오메트리 프로세서와 Rasterization 프로세서(두 개의 IP)로 구성이 되며, 지오메트리 프로세서는 SIMD 부동소수점 유닛을 기본으로 주변의 DMA 및 버스 인터페이스, 그리고 레지스터 파일로 구성된다. 부동소수점 유닛으로 라이팅 및 변환 연산을 수행하고, 절단(Clipping) 및 어셈블리 유닛(Assembly Unit)에서 랜더링(Rendering) 쪽으로 넘겨줄 데이터를 만든다. Rasterization 프로세서는 세 개의 기능 유닛(Rasterizer, Texturing Engine, Per-fragment operator)으로 구성이 되며 순차적으로 데이터를 받아 넘겨주게 된다. DMA, 버스 인터페이스와 텍스쳐(Texture) 캐쉬도 포함하고 있다.

SoC 환경에 적합한 3차원 그래픽 가속기 엔진은 적절한 시험 환경을 갖추고 그래픽 시뮬레이터(Graphics SIMulator: GSIM)를 적극 활용하여야 한다. GSIM은 SoC를 위한 하드웨어, 소프트웨어 Co-verification 환경이다. 하드웨어를 모델링하고 각 모듈별 통계적 수치를 뽑아볼 수 있으므로 구조를 선정하는 데 유용하다. 기존의 범용컴퓨터(PC) 플랫폼 기반의 그래픽 파이프라인 구조를 임베디드 환경에 맞도록 독자적인 IP로 설계되어야 한다.

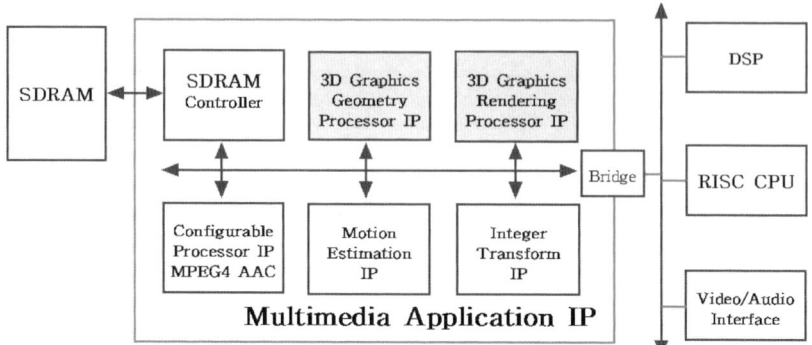

[그림 3-16] SoC 플랫폼에서 3차원 그래픽 가속기

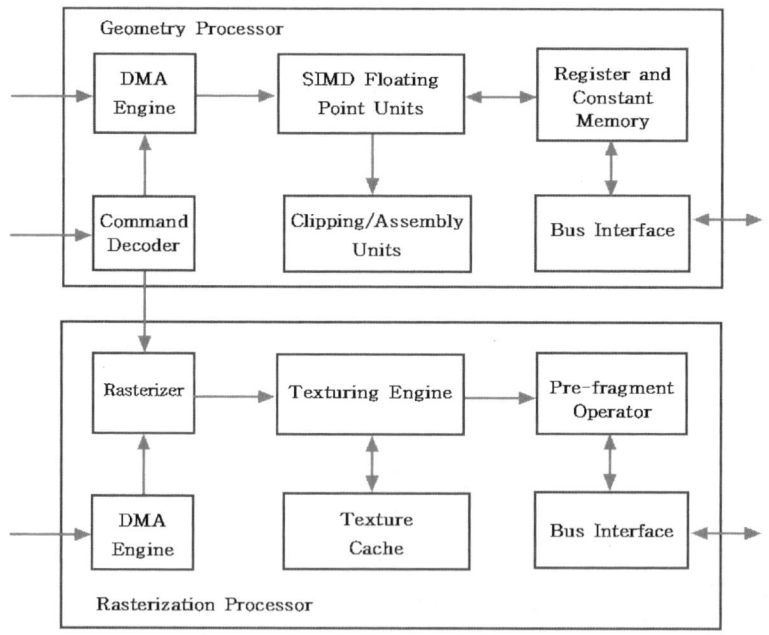

[그림 3-17] 3차원 그래픽 프로세서

3. OpenGL ES 3차원 그래픽 가속 표준

OpenGL ES는 저작권 사용료(Royalty) 없이 자동차와 각종 설비 및 휴대 장치를 포함하는 임베디드 시스템상의 2차원/3차원 기능을 위한 크로스 플랫폼(Cross-platform) API이다. 이는 PC 환경의 3차원 표준인 OpenGL의 부분집합으로, 소프트웨어와 그래픽 가속 칩 사이에 유연하면서도 강력한 저수준 인터페이스(Low-level Interface)를 제공한다. OpenGL ES1.0이 소프트웨어만의 실행을 가능하게 하는 데 중점을 두고 있었고, OpenGL ES1.1에서는 API(Application Program Interface)의 하드웨어 가속화를 지원할 수 있도록 확장되었다.

OpenGL ES 1.1은 1.0과 함께 호환이 가능하여 API의 2가지 버전 간의 어플리케이션 포팅(Application Porting)이 용이하도록 설계되었다.

1) OpenGL ES

OpenGL ES는 OpenGL의 부분집합으로 구성된 프로파일이며 사용하는 고급 임베디드 그래픽을 위한 저수준 경량의 API이다. 이는 소프트웨어 어플리케이션과 하드웨어 또는 소프트웨어 그래픽 엔진 간의 저수준의 어플리케이션 프로그래밍 인터페이스(API)를 제공해 준다.

임베디드 시스템을 위한 표준 3차원 그래픽 API는 모든 주요 모바일 및 임베디드 플랫폼 환경에서 3차원 게임과 다양한 고급 3차원 그래픽 기능을 제공하는 데 기여하고 있다. OpenGL ES(Embedded System을 위한 OpenGL)는 OpenGL을 기반으로 하고 있으므로 특별히 새로운 기술은 필요하지 않다. 따라서 OpenGL을 이용할 수 있는 개발자라면 쉽게 OpenGL ES도 이용할 수 있도록 구성되어 있으므로 시너지 효과를 기대할 수 있다.

(1) 개발자가 취할 수 있는 이점

가. 산업 표준이며, 저작권 사용료가 없다.
나. 전력소비가 작고, 메모리 요구량이 적다.
다. 소프트웨어로부터 하드웨어 렌더링으로 이전이 용이하다.
라. 확장성이 있고, 사용이 용이하다.
바. 풍부한 문서자료들이 제공된다.

2) OpenGL ES의 구조

(1) 프로파일(Profile)

OpenGL ES 스펙은 몇 가지 프로파일로 정의되어 있다. 각 프로파일은 OpenGL 1.5 스펙 및 추가 OpenGL ES만을 위한 확장된 부분으로 구성된다. OpenGL ES 프로파일은 OpenGL을 기반으로 하여 만들어진 API(Application Programming Interface)의 여러 가지 명세(Specification) 중의 하나다. 프로파일은 유사 프로세싱 파이프라인, 명령구조, 동일 OpenGL명, 공간 등을 공유한다. 명세는 일반 프로파일(Common Profile), 안전 우선 프로파일(Safety Critical Profile)로 총 2개의 프로파일로 정의되어 있다.

가. 일반 프로파일(Common Profile)
1) 텍스쳐 매핑을 포함하는 최소 기능의 3차원 전 기능 지원
2) 탁월한 게임 플랫폼 제공 및 핸드폰에서 구현 가능

나. 안전 우선 프로파일(Safety Critical Profile)
1) 안전 보증을 쉽게 하기 위한 완전 최소화 3D
2) 비행기 등 항공 산업 및 자동화 디스플레이에 사용

(2) 적합성

표준 규격은 일년 주기로 재검토 및 개정되고, OpenGL ES의 적합성 테스트를 반드시 통과하여야만 한다. 적합성 테스트는 OpenGL ES 기록과 별도로서 관리, 정비된다.

(3) 확장성

OpenGL ES는 확장이 가능하다. OpenGL ES 프로파일은 OpenGL을 기반으로 다음의 2가지 부분으로 나눠져 있다. 첫째, OpenGL 파이프라인의 일반적인 부분, 둘째, OpenGL이 제공하는 기능을 지향하지만 OpenGL과는 달리 OpenGL ES에서만 사용하는 확장 부분으로 구성된다. 각각의 확장은 프로파일의 명령 서브세트(Subset)와 프로파일 확장 또는 핵심적인 추가사항으로서 프로파일에 추가되는 부분을 서로 맞추기 위하여 간결화되었다. 핵심 추가사항은 프로파일 확장과 달리 명령과 토큰(Token)이 확장 서픽스(Suffix)를 그 이름 그대로 포함하지 않는다. 프로파일 확장은 필수, 선택 확장으로 구분된다.

(4) 플랫폼 인터페이스 계층

OpenGL ES는 또한 EGL이라 불리는 공통 플랫폼 호환성 인터페이스 규격을 포함하고 있다. 이는 플랫폼 독립적이며 선택적으로 개발사의 OpenGL ES 제품 배포에 포함될 수 있다. 플랫폼 결합은 구현 환경

과 OpenGL ES를 연결하는 역할을 하는 것으로, EGL과 결합된 적합성 테스트를 통하여 확인될 수 있다. 만약 EGL을 지원하지 않을 경우 개발사는 자신만의 플랫폼에 맞는 내장 인터페이스를 정의하여 사용할 수 있다.

IV. 3차원 그래픽스 가속기 구현

1. 부동소수점 연산기 설계

3차원 그래픽을 표현하기 위해서는 많은 데이터를 연산하여야 하며 처리 과정에 필요한 연산의 종류는 사칙 연산 외에 더 복잡한 연산이 요구된다. 초기에는 CPU가 이 모든 연산, 처리를 담당하여 3차원 영상을 표현하였으나 보다 정교하고 현실감 있는 3차원 영상을 표현하기 위한 데이터의 양이 기하급수적으로 증가함에 따라 CPU만으로 이를 처리하기에는 큰 부담이 되었다. 따라서 그래픽 처리를 위한 가속 하드웨어를 별도로 설계하거나, 고속의 범용 프로세서를 이에 맞게 확장한 방법이 사용되고 있다[26]. 범용컴퓨터 이상의 규모에서는 이와 같은 방법이 효율적이지만 모바일 플랫폼 기반의 3차원 그래픽스 가속기를 설계하기 위해서는 고속의 범용 프로세서를 사용하는 것은 전력 소모, 시스템의 소형화 그리고 가격 경쟁에서 큰 어려움이 있다. 가능한 적은 면적에

소전력으로 구현할 수 있는 하드웨어 형태의 가속기가 요구된다.

본 장에서는 3차원 그래픽을 실시간으로 가속하기 위한 지오메트리 처리 과정에 적합한 부동소수점 연산기들을 설계하였다. 부동소수점 연산기는 칩 면적을 줄이기 위해 24-bit 부동소수점 형식을 사용하였으며, 연산속도를 증가시키기 위해 하드와이어드(Hardwired) 형태로 설계하였다. 설계된 연산기는 부동소수점 가산기 / 감산기, 부동소수점 곱셈기, 부동소수점 역수 연산기, 부동소수점 역제곱근 연산기, 부동소수점 멱승 연산기이며, 각각 고유의 연산 기능을 갖고 있는 연산기 IP로서 5장의 지오메트리 프로세서 설계에 사용된다. 설계된 연산기들은 SoC 환경에서 IP의 형태로 이용이 가능하도록 iProve Transactor을 이용하여 검증함으로써 IP의 신뢰도를 높인다. 부동 소수점연산기의 포맷은 부호, 바이어스를 갖는 지수, 그리고 가수의 세 가지 부분으로 표현된다. 각 연산기의 포맷은 1-bit의 부호(s), 7-bit의 지수(e), 16-bit의 가수(f)로 각각 표현된다.

1) IEEE-754 표준

IEEE-754 표준은 이진 부동소수점 연산(Binary Floating Point Arithmetic)에 대한 표준으로써 1985년에 제정되었으며, 현재 모든 부동소수점 연산은 이 표준에 따라 구현되고 있다[27]. IEEE-754 부동소수점 단정도(Floating Point Single Precision)는 [그림 4-1]과 같이 부호(sign)를 나타내는 s, 바이어스(bias)를 가진 지수(exponent) e 그리고 소수점 이하를 나타내는 가수(fraction) f로 구성된다.

지수에 바이어스를 가하는 것은 지수에 대한 연산을 편리하게 하고, 부동소수점 형식의 인코딩이 수의 절대적 크기에 따라 차례대로 표현될 수 있도록 하기 위해서다. IEEE-754 부동소수점 단정도 형식의 경우에는 +127의 바이어스를 가진다. 바이어스를 가진 지수 e는 정규화 수(Normalized number: 선두 비트가 1인 수)에 대하여 최소 Emin과 최대 Emax의 범위를 가지고, 나머지 (Emin−1)과 (Emax+1)를 이용해서 특수 값을 부호화한다. 이에 따라 표현될 수 있는 수를 나타내면 [표 4−1]과 같다.

지수가 0이고 가수가 0이 아닐 때는 선두 bit가 0인 비정규화 수(Denormalized number)를 나타내는 것으로, 정규화된 형식으로 나타낼 수 없는 작은 값을 나타내기 위해 사용된다. 이러한 비정규화 수는 매우 정밀한 과학 기술용 응용프로그램이 아니면 잘 사용하지 않기 때문에, 하드웨어의 부담을 줄이기 위해 소프트웨어 트랩으로 구현하는 것이 일반적이다.

라운딩(Rounding)은 무한한 정확도를 가지고 연산한 결과가 정해진 결과 형식에 맞추어 저장될 때 수행된다. RNE(Round to Nearest Even)은 기본 라운딩(Rounding) 모드로 실제 값과 가장 가까운 표현 가능한 수로 결과가 결정되며, 만약 연산 결과가 정확하게 두 표현 가능한 수로부터 동일한 거리에 위치하면 LSB가 0이 되도록 라운딩을 결정한다. 즉 LSB가 1인 경우에는 +1을, LSB가 0인 경우에는 +0을 수행한다. 이것은 라운딩에 의한 오차의 평균이 확률적으로 0이 되도록 하기 위한 방법이다[28].

31	30	23 22	0
s (sign)	e (exponent)	f (fraction)	
1-bit	8-bits	23-bits	

[그림 4−1] IEEE−754 부동소수점 유닛 단정도 형식

[표 4−1] 부동소수점 형식의 표현 값

표현 값	단정도 형식(Single Precision Format) (Emin=1, Emax=254)
e = (Emax +1), f ≠ 0	NaN
e = (Emax +1), f = 0	$(-1)^s\infty$
Emin ≤ e ≤ Emax	$(-1)^s 2^{e-127}(1.f)$
e = (Emin −1), f ≠ 0	$(-1)^s 2^{e-126}(0.f)$
e = (Emin −1), f = 0	$(-1)^s 0$

특수 값에는 무한대(Infinity), NaN(Not a Number), 부호화된 영(Signed zero) 등이 있으며, NaN의 경우에는 SNaN(Signaling NaN)과 QNaN(Quiet NaN)으로 구분되어 있으나, SNaN은 거의 쓰이지 않고 있으며, QNaN가 주로 쓰인다.

익셉션(Exception)은 크게 다섯 가지의 경우가 존재하는데 무효 연산(invalid operation), 나누기 0(division by zero), 오버플로어, 언더플로어 그리고 부정확(inexact) 등이 있다. 무효 연산은 수행될 연산의 피 연산자가 무효일 때 발생하며, 나누기 0은 0 또는 무한대가 아닌 피제수를 0으로 나눌 때, 오버플로어(Overflow)는 연산 결과가 정규화 수로 표현될 수 있는 최대 절댓값(max)을 넘어설 때, 언더플로어는 연산 결과가 정규화 수로 표현될 수 있는 최소 절댓값(min) 미만일 때 발생하며, 부정확은 라운딩에 의해 0이 아닌 가수 부분이 소실되었을 경우에 발생한다. 다섯 가지 익셉션 경우의 구체적 예와 기본 결과 값을 [표 4-2]에 나타냈다.

[표 4-2] IEEE 부동소수점 Exception

IEEE Exception	발생 경우	기본 결과 값
무효 연산	• SNaN에 대한 연산 • $(+\infty) + (-\infty)$ • $0 * \infty$ • $0 / 0, \ \infty / \infty$ • x REM y, for y=0 or x=$\pm\infty$ • $\sqrt{}$(음수) • 변환 Overflow	QNaN
나누기 0	• x / 0 for x$\neq$0, $\pm\infty$ or NaN	부호가 붙은 무한대
Overflow	• 연산 결과가 $\pm$max 를 넘는 경우	라운딩에 따라 $\pm\infty$ 또는 $0 \pm$max
Underflow	• 연산 결과가 $\pm$min 미만인 경우	라운딩에 따라 비정규 화수($\pm$min) 또는 0
Inexact	• 라운드 또는 Stick bit가 0이 아닌 경우	라운딩 결과 값

2) 부동소수점 데이터 형식

본 설계에서 사용한 부동소수점 데이터 형식은 [그림 4-2]와 같이 IEEE-754 부동소수점 단정도 표준이 갖는 32-bit 길이에서 24-bit 길이로 부호(sign)를 나타내는 s 필드, 7-bit의 바이어스(bias)를 가진 지수(exponent)를 표현하는 e 필드, 16-bit의 소수점 이하를 표현하는 가수(fraction) f 필드로 구성된다. 이러한 구성은 부동소수점 수를 나타낼 수 있는 범위와 그래픽적으로 보이는 오차율에 최적화된 구성으로서 ATI 등 그래픽 업체에서 사용되고 있다.

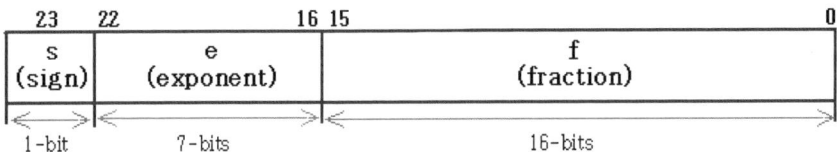

[그림 4-2] 24-bit 부동소수점 데이터 형식

IEEE-754 표준과 마찬가지로 지수에 대한 연산과 수의 절대적 크기에 따라 표현될 수 있도록 하기 위해서 +127의 바이어스를 가졌던 것처럼 24-bit 부동소수점 데이터 형식은 +63의 바이어스를 갖게 된다.

제안하는 부동소수점 데이터 형식에서 s 필드는 IEEE-754 형식과 동일한 1-bit를 사용하기 때문에 똑같이 사용될 수 있다. e 필드는 8-bit에서 1-bit가 줄어들었고 바이어스를 +63을 가지도록 설계했기 때문에 최소 Emin과 최대 Emax의 범위가 -126~127에서 -62~63의 크기를 갖게 된다. f 필드는 23-bit에서 16-bit로 표현됨으로써 7-bit만큼의 수의 표현이 제한이 되게 된다.

3) 고정소수점 데이터 형식

라이팅 과정에서는 0~1까지의 값만 표현하는 경우가 많아 고정소수점 형식을 적용하였다. 고정소수점 데이터 형식은 부동소수점 데이터 형식에서 고정된 지수(exponent) e 필드를 정수(integer) 필드로 사용한다.

고정소수점 데이터 형식의 특징은 지수가 없는 만큼 부동소수점 형식에 비해 적은 숫자의 범위를 표시할 수 있는 단점이 있지만, 연산을 처리할 때 지수가 없는 만큼 더 빠른 연산 결과를 얻을 수 있다는 장점이 있다. [그림 4-3]은 제안하는 고정소수점 데이터 형식이다.

라이팅 과정에 적용한 고정소수점 데이터 형식은 총 16-bit로 이루어져 있고, 부호를 나타내는 s 필드, 정수를 나타내는 i 필드, 소수(Fraction) 부분을 나타내는 f 필드로 구성된다. 정수 부분을 3-bit를 둔 이유는 가산 연산을 할 경우 1을 초과하는 경우가 생길 수 있기 때문에 3-bit를 두어 여유의 공간을 배정하였다.

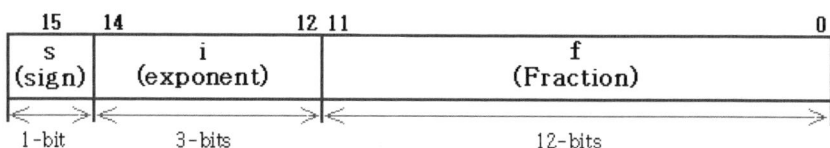

[그림 4-3] 16-bit 고정소수점 데이터 형식

2. 부동소수점 가산기 / 감산기 설계

3차원 그래픽에서 가산기 / 감산기는 가장 많이 사용되는 연산기 중의 하나로서 행렬의 곱셈 과정을 처리할 때 덧셈 연산이 필요하게 된다. 부동소수점 가산기 / 감산기는 면적의 최소화를 위하여, 지수(Exponent) 처리부와 반올림(Rounding), 정규화(Normalize) 부분, 기능 유닛을 공유하여 설계하였으며, 데이터 의존성으로 인한 성능 저하를 막기 위해 파이프라인 단계를 일반적인 부동소수점 가산기 / 곱셈기의 파이프라인 단계인 3단계에서 1단계로 줄일 수 있다. 부동소수점 가산기와 감산기에 필요한 요소들은 지수 차이 계산, 정렬, ZLC(Zero Leading Counter), 정규화, 반올림 등이 있다.

지수 차이 계산은 입력받은 두 수의 지수 부분을 비교하여 감산하여 처리해 준다. 정렬은 가수 부분의 포맷이 항상 1.xxx로 표현되기 때문에 가수 부분을 절댓값으로 맞추기 위해 쉬프트(shift)를 해 주는 과정을 말한다. 이때 얼마만큼의 쉬프트를 해 줄지 결정해 주는 지수 차이의 계산 값이 필요하게 된다. ZLC는 어떤 데이터가 있으면 최상위 비트에서부터 0의 값이 얼마만큼 존재하는지 체크해 주는 유닛이다. 정규화는 0.xxx로 존재하는 데이터를 1.xxx 포맷으로 만들어 주기 위한 유닛이다. 이때 ZLC의 결과 값이 필요하게 된다. 반올림은 가수 부분이 정렬되면서 가수 부분에서 밀려난 비트들의 값을 반올림해 주는 유닛이다. [그림 4-4]는 설계한 24-bit 부동소수점 가 / 감산기다.

설계한 24-bit 부동소수점 가/감산기는 두 입력 값의 sign 부호로서 가산과 감산이 정해진다. sign 부호가 같게 되면 가산, 다르게 되면 감산을 실행하게 된다. 그 후에 지수의 값을 비교하고 두 입력 값 중 어느 값이 큰 값인지를 지수로 판단하게 된다. 지수로 큰 값을 판단하게 되면 가수부분을 크기에 따른 값으로 표현하는 정렬 과정을 위해 지수

2개의 값을 비교하여 어느 쪽의 가수 부분을 얼마만큼 정렬을 해 줄 것인지 결정하고, 정렬을 실행하게 된다.

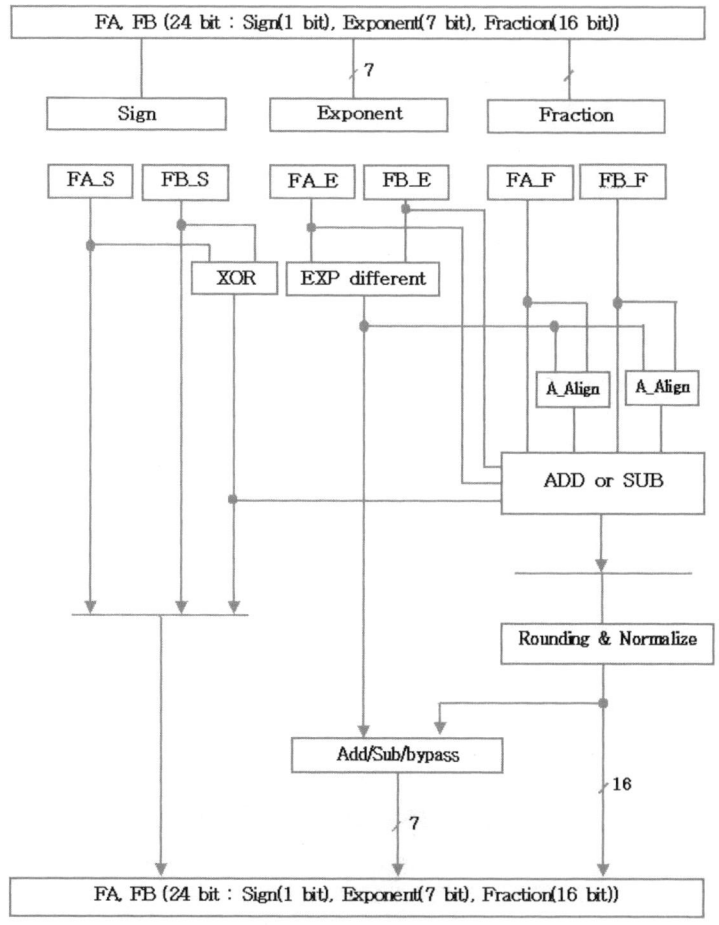

[그림 4-4] 24-bit 부동소수점 가감산기

　정렬 후 가수 부분을 가산 또는 감산하여 나온 결과를 1.xxx 형식에 맞추기 위해 정규화를 하고 정규화 결과를 지수에 적용시켜주면 가산기 / 감산기의 역할이 마무리된다.

설계된 가산기 / 감산기는 속도를 높이기 위해 3가지의 경우로 나누었다.

① 지수의 차이가 1이거나 0인 감산
－쉬프트하도록 하고 정렬은 하지 않으며 Full Normalize를 거친다.
－반올림을 하지 않는다.

② 지수의 차이가 2 이상인 감산
－정렬을 하지만 ZLC(Zero Leading Counter)가 필요가 없는 경우가 된다.
－유효 뺄셈의 범위가 존재

③ 가산
－정렬을 하지만 ZLC(Zero Leading Counter)가 필요가 없는 경우가 된다.
－반올림을 실시

또 17 이상 정렬이 필요한 경우는 정렬 값을 0으로 보고 가산과 감산이 유효하지 않게 된다. 제거된 특수 값들은 NaN과 Overflow / Underflow, 비정규화 수(Denormalize Number) 부분이다. NaN(Not a Number)은 그래픽의 특성상 숫자가 아닌 숫자가 나타나도 실시간적으로 표현해야 하는 문제점으로 인해 에러를 발생하게 된다. 그리고 그래픽에서 나타나는 Overflow / Underflow의 범위는 24bit로써도 충분히 표현 가능하기 때문에 24－bit 형식에서 Overflow / Underflow가 발생할 가능성이 없다.

비정규화 수(Denormalize Number)는 너무나도 작은 숫자이기 때문에 그래픽 특성에서는 나타날 수 없는 숫자다.

3. 부동소수점 곱셈기 설계

3차원 그래픽에서 덧셈, 뺄셈기와 더불어 가장 많이 쓰이는 연산기의 하나로 행렬의 곱셈 과정에서 빈번하게 사용된다. 곱셈기(Multiplier)와 가산기 / 감산기(Adder / Subtractor)는 매우 유사한 구조를 가지고 있다. 가산기 / 감산기와 마찬가지로 정렬(Align) 설계한 24－bit 곱셈기 역시 가산기 / 감산기처럼 특수 값 표현을 줄이고 반올림(Rounding) 유닛을 간결화하여 단일 사이클로 구성하였다. 승산의 특성상 Sign 부호는 두 입력의 Sign을 XOR 연산을 통해 나온 값이 출력의 Sign 부호로 정해진다.

$2^{exponent-63} * 1.fraction$의 형식에서 승산 시 2개의 지수(Exponent) 값을 더해 주게 된다. 이때, +63의 바이어스(bias) 값을 고려하여 두 수를 승산해야 한다. +63의 바이어스 값을 고려하지 않은 경우 예상보다 지수부가 63이 더 큰 지수 값이 출력될 것이다. 가수 부분을 부스 곱셈기(Booth Multiplier)를 이용하여 계산하게 된다.

가수(fraction)의 값은 최상위 비트에 1이 생략된 구조이기 때문에 가수의 값은 1.xxx * 1.xxx로 볼 수 있다. 따라서 가수의 연산 후의 결과는 1보다 크거나 같고 4보다는 작은 수가 나오게 되어 ZLC(Zero Leading Counter) 값이 2 이상 나올 수가 없게 되어 정규화(Normalization)를 한 번의 쉬프트로 끝낼 수 있게 된다.

정규화가 한 번의 쉬프트로 끝낼 수 있기 때문에 정규화 후 올바른 지수 값을 대입할 시에도 2 이상 가산하는 경우가 없기 때문에 INC 유닛 한 개로 대체할 수 있게 되어 더욱 성능을 향상시킬 수 있다. 이때 승산 시 사용되는 연산은 부스 곱셈기 알고리즘(Booth Multiplier Algorithm)을 이용하여 계산하게 된다. [그림 4－5]는 설계한 부동소수점 곱셈기다.

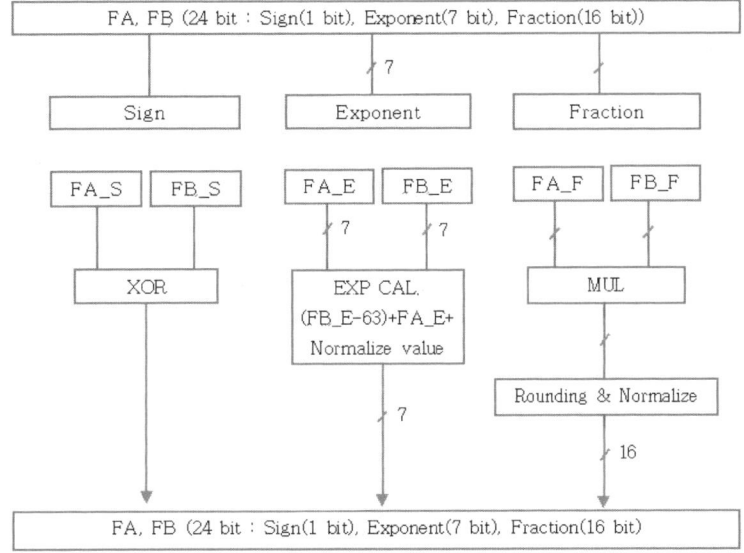

[그림 4-5] 부동소수점 곱셈기

4. 부동소수점 역수 연산기 설계

부동소수점 역수 연산기(Floating Point Reciprocal Unit)는 변환 과정에서 Divide by W 과정을 거칠 때 사용되게 되고 라이팅 과정에서 광원과 물체 사이의 거리 D를 구할 때 사용되게 된다. 고속의 부동소수점 역수 연산기(Floating Point Reciprocal Unit)를 구현하는 방법은 크게 두 가지로 분류한다. 첫째로 가산, 감산 그리고 쉬프트 동작을 조합하여 구현하는 방식으로 복원(restoring) 알고리즘, 비복원(nonrestoring) 알고리즘, SRT 알고리즘이 있다. 둘째는 승산기를 이용하여 역수 연산을 수행하는 방식으로 분모, 분자에 동일한 수를 곱하는 수렴(convergence) 방식과 분모의 역수를 구해 곱하는 뉴턴 랩슨(Newton-Raphson) 방식이 있다. 본 연구에서는 3차원 그래픽 처리 특성상 나머지 값이 필요하지 않고, 적은 수행 단계의 파이프라인 수행이 가능하며, 역수 계산에 유리한 NR 방식으로 부동소수점 역수 연산기를 설계하였다.

본 설계에서 나눗셈 연산 설계 시 사용한 NR 알고리즘은 [식 4-1]과 같은 테일러급수 확장식을 사용하였다.

$$\frac{X}{Y} = \frac{X}{Y_h + Y_l} = \frac{X}{Y_h}\left(1 - \frac{Y_l}{Y_h} + \left(\frac{Y_l}{Y_h}\right)^2 - \cdots\right) \qquad \text{[식 4-1]}$$

식에서 $Y_h = 2^0 y_0 + 2^{-1} y_1 + 2^{-2} y_2 + \cdots + 2^{-(p-1)} y_{p-1}$, $Y_l = Y - Y_h$ 이며, 따라서 $Y_h \gg Y_l$ 이고 Y_l / Y_h 는 '0'에 가깝게 된다. X와 Y는 고정 소수점 수로 일반화하기 때문에 x_0, y_0는 항상 '1'이므로 제수와 피제수의 범위는 $1 \le X, Y < 2$로 제한한다. 또한 [식 4-1]의 각 요소들은 $1 \le Y_h < 2 - 2^{-(p-1)}$, $0 \le Y_l < 2^{-(p-1)}$의 범위를 가지게 된다. [식 4-2]는 [식 4-1]의 첫 부분의 두 개 항을 사용하여 테일러급수(Taylor series)의 확장식이 된다.

$$\frac{X}{Y} \simeq \frac{X(Y_h - Y_l)}{Y_h^2} \qquad \text{[식 4-2]}$$

NR 방식의 역수 연산기는 일반적으로 파이프라인이 가능한 장점을 가지고 있지만 매우 큰 룩업 테이블(Look-Up table)의 크기가 사용된다. 따라서 룩업 테이블을 최소화할 수 있는 알고리즘을 사용하여 전체 역수 연산기의 크기를 줄일 수 있다. 사용된 알고리즘은 식 [식 4-3]과 같다. 우선 [식 4-2]에서 Y_h의 비트열의 크기를 줄이고 1차 근사 몫 Q'를 구한다.

$$Q' = \frac{X(Y_h - Y_l)}{Y_h^2} \qquad \text{[식 4-3]}$$

그리고 1차 근사 몫 Q'을 이용하여 중간 피제수를 [식 4-4]와 같이 만들어 낸다.

$$
\begin{aligned}
X' &\simeq X - Y \cdot Q' \qquad\qquad\qquad \text{[식 4-4]} \\
&= X - Y \cdot \frac{X(Y_h - Y_l)}{Y_h^2} \\
&= X(1 - \frac{(Y_h + Y_l)(Y_h - Y_l)}{Y_h^2}) \\
&= X(1 - \frac{Y_h^2 - Y_l^2}{Y_h^2}) = \frac{X \cdot Y_l^2}{Y_h^2}
\end{aligned}
$$

[수식 4-4]에서 피제수 X에 중간 피제수 X'를 대입하여 2차 근사 몫 Q''을 생성하고, 이와 같은 두 개의 몫 Q', Q''이 더해진다면 최종적인 몫은 [식 4-5]와 같이 계산된다.

$$Q'' = \frac{X'(Y_h - Y_l)}{Y_h^2} \qquad \text{[식 4-5]}$$

$$\frac{X}{Y} \simeq Q' + Q''$$

위의 식은 다음과 같이 재계산할 수 있다.

$$= \frac{(X + X')(Y_h - Y_l)}{Y_h^2}$$

$$= (X + X')A, \quad A = \frac{(Y_h - Y_l)}{Y_h^2}$$

$$= (2X + YQ')A$$

$$= (2X - AYX)A$$

$$= (2 - AY)AX \qquad\qquad\qquad [식\ 4-6]$$

[그림 4-6]과 같이 [식 4-6]을 구현하기 위해서 3단계 과정으로 나누어 파이프라인을 설계하였다.

첫 단계에서 $1/Y_h^2$은 주소 값이 6-bit인 룩업 테이블에 의해 구해지며, 룩업 테이블은 엔트리의 수가 64개이고. 11-bit의 데이터로 구성되어 총 88-byte의 크기를 갖는다. 그리고 A는 $Y_h - Y_l$ 과 $1/Y_h^2$을 곱하여 구해진다. 곱셈기 M1의 크기는 17×11이 되며, 결과 값인 A는 MSB(Most Significant bit)를 제외한 상위 13-bit로 구성된다.

두 번째 단계에서 AY가 계산되며, 곱셈기 M2의 크기는 17×13이 되며 결과 값인 AY는 MSB를 제외한 상위 23-bit로 구성된다. 여기서 $2-AY$는 AY의 bit inversion에 의해서 구한다.

마지막으로 최종 몫 $AX(2-AY)$는 AX와 $2-AY$의 곱셈으로 구한다.

곱셈기 M3의 크기는 13×23이 되며 결과 값인 Q는 MSB를 제외한 상위 17-bit로 구성된다. 이 결과 값 Q가 가수 부분에 해당되게 된다. 부호 비트는 입력을 받은 값 그대로 출력으로 해 주는 것으로 끝나게 되고 지수 부분의 예로 2^2를 계산한다고 가정하면 이는 2^{-2}로 바꿔 주면 된다. 이는 지수 부분에 바이어스(bias)가 가해져 있는 것을 감안하여 지수의 최댓값에 현재 입력으로 들어온 지수 숫자를 감산해 주는 것으로 계산이 된다. 마찬가지로 가수 부분을 1.xxxx 형식으로 맞추기

위해 정규화(Normalization)를 하게 되는 경우 이를 적용하는 부분을 추
가해 주면 지수 부분을 계산할 수 있게 된다.

　따라서 본 알고리즘의 하드웨어 구조는 룩업 테이블과 세 개의 곱셈
기로 구성되며, 각 단계마다 파이프라인 레지스터를 두었다. 또한 이
알고리즘의 지연 시간은 2LUT＋3MUL이 된다. [그림 4-6]은 설계한
부동소수점 역수 연산기(Floating Point Reciprocal Unit)의 구조다.

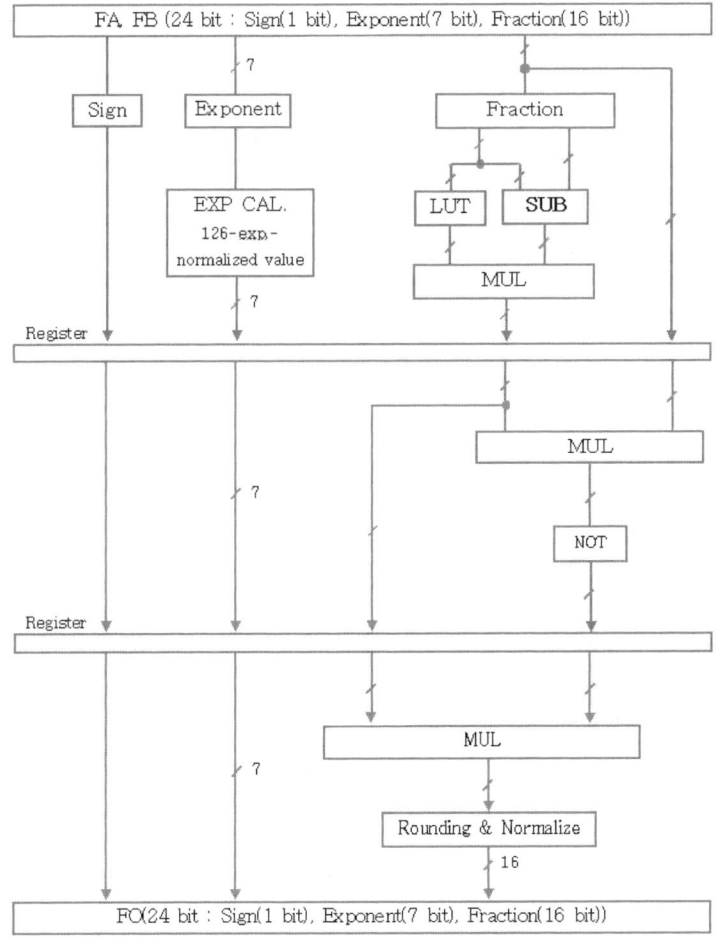

[그림 4-6] 부동소수점 역수 연산기

5. 부동소수점 역제곱근 연산기 설계

　역제곱근 연산기(Reciprocal Square Root Unit)는 여러 디지털 신호 처리, 멀티미디어 그리고 과학 계산 분야에서 그 중요도가 높아지고 있다. 이전에는 벡터 정규화, 촐레스키(Cholesky) 분해, 그리고 회전 계산식과 같은 계산들을 하기 위해서, 처음 제곱근이 계산되고 나서 순차적으로 나눗셈 연산을 하여 사용되는 경우가 많았다. 이 계산을 하기 위해 더욱 효율적인 방법은 처음 역제곱근 연산을 행하고 나서 다른 곱셈 계산을 하는 것이다. 3차원 그래픽 응용 분야에서는 이 같은 연산의 유용성 때문에 Motorola AltiVec과 Advanced Micro Devices 3DNow!에서 확장 명령어로써 역제곱근 연산을 위한 별도의 명령어를 추가하고 있다.

　제곱근(Square Root)이나 역제곱근(Reciprocal Square Root) 연산을 위해 여러 알고리즘이 개발되고 있지만, 이 알고리즘들은 일반적으로 긴 지연시간을 갖거나 많은 양의 메모리를 사용하도록 요구한다. 이 알고리즘들은 크게 반복 알고리즘과 수렴 알고리즘으로 나뉜다. 반복 알고리즘은 다른 방법들보다 적은 면적으로 가능하지만, 선형적인 수렴 단계를 거치게 되며 많은 수의 반복 횟수를 요구한다. 반면에 수렴 알고리즘은 짧은 지연시간을 갖고 있지만, 많은 양의 메모리와 면적을 요구한다.

　본 설계에서는 역제곱근 연산을 하기 위해 빠른 수렴 알고리즘을 선택하였다. 이 방법은 역제곱근 값을 얻기 위한 초기 근삿값을 얻기 위해 LUT을 사용하였다. 초기 근삿값을 얻은 후 변형된 뉴튼－랩슨(Newton－Raphson) 반복법을 이용하여 정확성을 높이게 된다.

　수렴 알고리즘의 역제곱근 연산기는 많은 양의 LUT(Look Up Table)가 필요하지만, 연산기가 차지하는 면적을 최소화하여 면적의 증가량이

크지 않도록 하는 것이 관건이다. 또한 연산결과의 정확도가 너무 떨어져도 연산기로서의 기능을 하기 어려워진다.

역제곱근(Reciprocal Square Root)을 구하기 위한 기본 개념은 X의 역제곱근 값을 구하기 위한 근삿값인 Y를 구하는 것이다. Y를 계산하기 위한 방법은 다음과 같은 단계를 거친다.

가. 최초 근삿값 $R \approx \dfrac{1}{\sqrt{X}}$ 을 계산한다.

나. 더욱 정확한 근삿값인 $Y \approx \dfrac{1}{\sqrt{X}}$ 을 구하기 위해 변형된 뉴튼-랩슨 반복법을 이용한다.

초기 근삿값 R을 계산한 후에 변형된 뉴튼-랩슨 반복법으로 더욱 정확도를 높인다. 뉴튼-랩슨 역제곱근 알고리즘은 [식 4-7]과 같다.

$$R_{i+1} = R_i \frac{(3 - XR_i^2)}{2} \qquad\qquad \text{[식 4-7]}$$

[식 4-7]의 뉴튼-랩슨 반복법은 3개의 가산기, 1개의 감산기 그리고 1-bit의 오른쪽 쉬프트(shift)가 필요하다. 변형된 뉴튼-랩슨 반복법은 [식 4-8]과 같이 표현되며, 좀 더 하드웨어 구현에 적합하도록 변환되었다. [식 4-8]은 3개의 곱셈기와 1개의 가산기 그리고 1-bit의 쉬프트가 필요하다.

$$W = R^2 \qquad\qquad\qquad\qquad \text{[식 4-8]}$$

$$D = 1 - WX, \quad Y = R + \frac{RD}{2}$$

다음은 [식 4-8]에서 사용되는 연산기들에 대한 고려사항이다.

가. $D = 1 - WX$는 WX를 1의 보수로 표현한다.

나. $W \approx \dfrac{1}{X}$ 이기 때문에 D는 '0'에 가까운 수이고 MSB는 '0' ($D \geq 0$)이거나 '1' ($D < 0$)이다. 따라서 MSB는 부호 비트로써 활용하여 직접 계산에 사용하지 않는다.

초기 근삿값을 구하기 위해 2개의 LUT와 1개의 곱셈기가 사용되며, 더욱 정확한 근삿값을 구하기 위해 3개의 곱셈기로 구성되어 있다. 'W' 곱셈기는 제곱의 기능을 하고, 'D' 곱셈기는 1의 보수화 유닛이 추가되어 있으며, 'Y' 곱셈기는 덧셈기가 추가되어 있다. 수렴 알고리즘은 반복 횟수는 적지만 하나의 반복을 수행하기 위해서는 여러 번의 곱셈과 덧셈이 필요하기 때문에 수행 시간을 많이 소모하게 된다. 따라서 낮은 정밀도 부분을 계산할 때에는 실시간으로 계산하지 않고 테이블로부터 미리 계산한 값을 적재(Load)하게 된다.

곱셈기는 입력 오퍼랜드 2개를 받아서 1 클럭 사이클 만에 계산하여 결과 값을 출력한다. 각 단계에서마다 곱셈기의 크기는 다르다. [그림 4-7]에서 정확도를 높이기 위한 변형된 뉴튼-랩슨 반복법을 사용하기 위해 곱셈기가 3개가 존재한다. 각각의 크기는 9×9, 17×17, 17×9인 곱셈기 3개가 존재한다.

첫 단계에서 R_0는 256개의 엔트리를 가지는 룩업 테이블 두 개를 이용 10-bit 데이터 R 값의 두 종류를 얻어 내온다. 룩업 테이블은 각각 320-byte의 크기를 갖는다. 두 번째 단계에서 10-bit의 R_0와 R_1 중 지수 값에 따라 선택을 하여 승산기의 양 입력으로 하여 W의 상위 25-bit를 결과 값으로 하고, 승산기 M1의 크기는 10×10이 된다. 세 번째 단계에서 WX는 20×17의 승산기 M2를 통해 계산되며 WX의 상위 17-bit는 bit inversion을 통해 17-bit의 D를 구하며 마지막 단계에서 Y는 D와 두 번째 단계에서 구한 R_0을 승산기 M3에서 계산한 후 이 값을 한 bit 오른쪽 쉬프트하여 R_0와 더하여 구하게 된다.

Y의 상위 17-bit가 최종 역제곱근의 값이 된다. [그림 4-7]은 제안하는 역제곱근 연산기의 구조다.

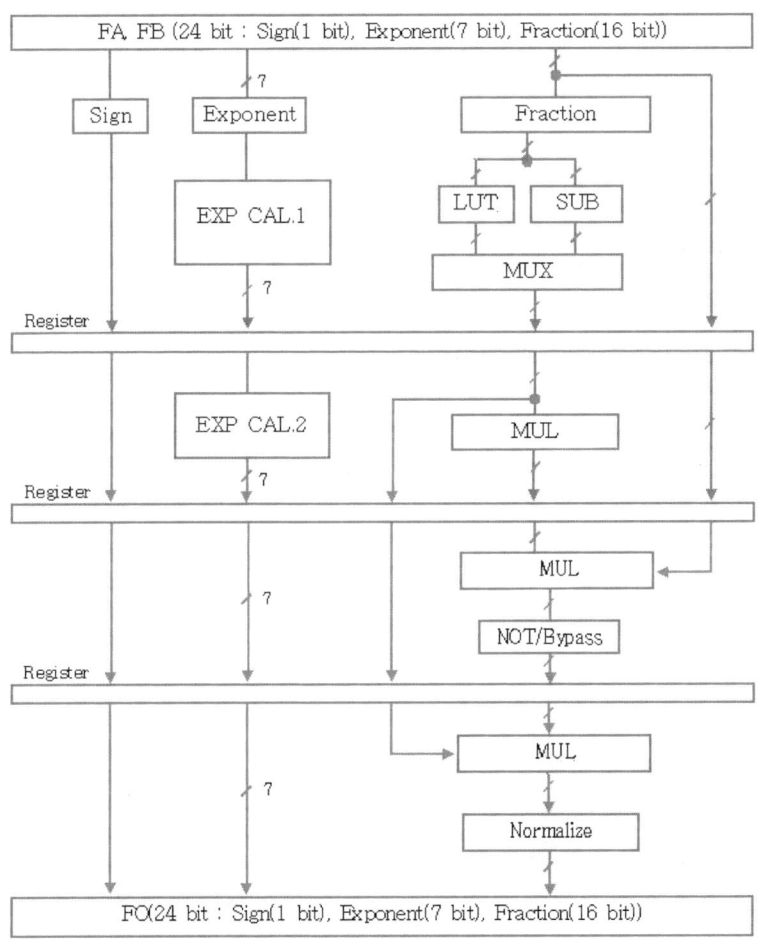

[그림 4-7] 제안하는 부동소수점 역제곱근 연산기

6. 부동소수점 멱승 연산기 설계

멱승(Power) 연산은 라이팅 처리과정 중 정반사 성분 $(n \cdot h)^{m_{shi}}$와 집중 조명광 $(-l \cdot s_{dir})^{s_{exp}}$을 연산하기 위해 사용된다. 멱승 연산을 구하는 방법은 여러 가지가 있으나 대부분의 경우 곱셈, 나눗셈 연산이 필요하기 때문에 연산속도 면에서 성능이 크게 떨어진다. 본 설계에서는 [그림 4-8]와 같이 지오메트리 구조에 적합하고, 속도 면에서 가장 효율적인 롬 테이블 방식을 사용하였다.

롬 테이블 방식의 멱승 연산기는 $(n \cdot h)$값 또는 $(-l \cdot s_{dir})$의 값과 지수인 m_{shi} 또는 s_{exp} 값을 입력으로 받아 양자화된 지수승 결과 값이 저장되어 있는 롬 주소를 발생시켜 해당하는 $(n \cdot h)^{m_{shi}}$ 또는 $(-l \cdot s_{dir})^{s_{exp}}$을 얻는 방식이다. 롬 테에블 방식의 멱승기로 지수승을표현하는 경우 롬 테이블의 사이즈가 커지고, 롬 테이블의 주소를 발생하는 방법을 하드웨어로 구현하는 데 용이하지 않다는 단점이 있다. 그러나 롬 테이블의 크기를 줄이기 위한 방안을 채용하고, 롬 테이블 값의 규칙적인 특징을 이용함으로써 주소를 간단하게 발생시킬 수 있다. 멱승 결과값인 $(n \cdot h)^{m_{shi}}$와 $(-l \cdot s_{dir})^{s_{exp}}$는 (0〜1)의 값을 갖는 부동소수점 표현 값이다. n 벡터와 h 벡터의 내적을 취한 값 $(n \cdot h)$와 $(-l \cdot s_{dir})^{s_{exp}}$는 (0〜1)의 값을 갖는 부동소수점 표현 값이며, 지수인 m_{shi}와 s_{exp}는 (1〜128)을 갖는 부동소수점 표현 값이다. ROM Table은 $(n \cdot h)$, $(-l \cdot s_{dir})$와 m_{shi}, s_{exp}의 양자화 값이 작을수록 ROM Table은 실제 멱승 연산과 오차가 적어지는 반면 ROM 테이블의 크기는 커지며, 양자화 값이 클수록 ROM 테이블은 실제 멱승 연산과의 오차가 커지는 반면 ROM 테이블의 크기는 작아진다. 본 설계에서는 작은 ROM Table의 크기를 가지면서도, 오차가 작은 ROM Table을 얻기 위하여 다음과 같은 특성을 이용하였다.

가. 일정한 m_{shi}, $s_{\exp}$ 값에 대하여 $(n \cdot h)$, $(-l \cdot s_{dir})$값이 클 때의 $(n \cdot h)$, $(-l \cdot s_{dir})$의 양자화에 의한 $(n \cdot h)^{m_{shi}}$, $(-l \cdot s_{dir})^{s_{\exp}}$의 오차가 $(n \cdot h)$, $(-l \cdot s_{dir})$의 값이 작을 때의 $(n \cdot h)^{m_{shi}}$, $(-l \cdot s_{dir})^{s_{\exp}}$의 오차보다 크다.

나. m_{shi}, $s_{\exp}$ 값이 증가함에 따라 $(n \cdot h)$, $(-l \cdot s_{dir})$값이 클 때의 $(n \cdot h)$, $(-l \cdot s_{dir})$의 양자화에 의한 $(n \cdot h)^{m_{shi}}$, $(-l \cdot s_{dir})^{s_{\exp}}$의 오차가 더 커진다.

다. m_{shi}, $s_{\exp}$ 값이 증가함에 따라 $(n \cdot h)^{m_{shi}}$, $(-l \cdot s_{dir})^{s_{\exp}}$을 '0'이 아닌 값으로 만드는 $(n \cdot h)$, $(-l \cdot s_{dir})$의 최솟값이 커지고 $(n \cdot h)^{m_{shi}}$, $(-l \cdot s_{dir})^{s_{\exp}}$의 오차를 크게 하는 $(n \cdot h)$, $(-l \cdot s_{dir})$의 값도 커진다.

위의 세 가지 특성을 이용하여 m_{shi}, $s_{\exp}$와 $(n \cdot h)$, $(-l \cdot s_{dir})$ 값을 비균등 양자화하여 [표 4-3], [표 4-4]와 멱승 연산 롬 테이블을 생성하였다.

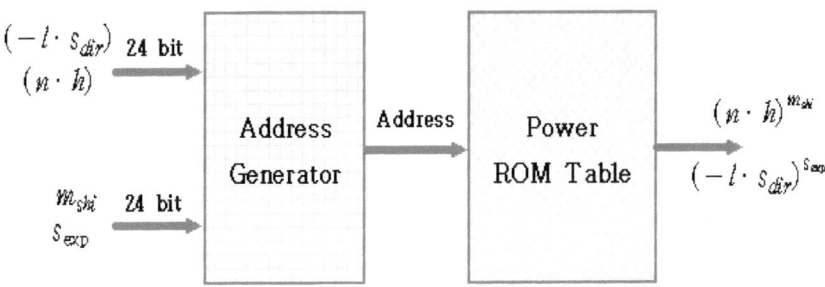

[그림 4-8] ROM Table 방식의 부동소수점 멱승기

[표 4-3] m_{shi}, s_{exp}의 비균등 양자화 방법

m_{shi}, s_{exp}	양자화 간격	m_{shi}, s_{exp}	양자화 간격
1~2	$2^{-(n-3)}$	16~32	$2^{-(n-7)}$
2~4	$2^{-(n-4)}$	32~64	$2^{-(n-8)}$
4~8	$2^{-(n-5)}$	64~128	$2^{-(n-9)}$
8~16	$2^{-(n-6)}$		

[표 4-4] $(n \cdot h)$, $(-l \cdot s_{dir})$의 비균등 양자화 방법

n의 값	ROM Table의 크기
3	250byte
4	1Kbyte
5	4Kbyte
6	16Kbyte
7	64Kbyte
8	256Kbyte

[표 4-4]와 [표4-5]의 n은 각 간의 양자화 값을 결정하는 중요한 변수로 n의 값은 멱승 연산 ROM Table의 크기와 정밀도와 직결된다. [표 4-5]은 양자화 값 n에 따를 멱승 연산 ROM Table의 크기를 나타내며, [그림 4-9]는 양자화 값 n에 따른 멱승 연산 ROM Table을 생성하여, OpenGL의 오픈 소스인 MESA 6.0.1 라이브러리를 이용하여, $(n \cdot h)^{m_{shi}}$와 $(-l \cdot s_{dir})^{s_{exp}}$을 연산하는 부분을 멱승 연산 ROM Table로 대체하여 실험한 결과다. [그림 4-9]의 실험 결과에서 보면 n이 3인 (f)를 제외하고는 육안으로 식별하기 어려운 오차를 갖는다. (f)의 경우 큰 오차로 인해 마하 밴드 효과를 갖는다. 작은 ROM Table 크기를 가지면서도 오차가 작은 ROM Table을 얻는 것이 본 설계의 목표이

기 때문에 n값을 4로 설정하여 위와 같은 방법으로 ROM Table을 생성하여 부동소수점 멱승 연산기(Floating Point Power Unit)를 설계하였다.

[표 4-5] n에 따른 ROM 테이블의 크기

$\dfrac{(-l \cdot s_{dir})}{(n \cdot h)}$ shi	양자화 구간	첫 번째 구간범위	양자화 간격	두 번째 구간범위	양자화 간격	세 번째 구간범위	양자화 간격
1~11	0~1	0~0.5	$2^{-(n-1)}$	0~0.75	2^{-n}	0.75~1	$2^{-(n-1)}$
12~23	0.5~1	0.5~0.75	$2^{-1} * 2^{-(n-1)}$	0.75~0.875	$2^{-1} * 2^{-n}$	0.875~1	$2^{-1} * 2^{-(n-1)}$
24~47	0.75~1	0.75~0.875	$2^{-2} * 2^{-(n-1)}$	0.875~0.9375	$2^{-2} * 2^{-n}$	0.9375~1	$2^{-2} * 2^{-(n-1)}$
48~95	0.875~1	0.875~0.9375	$2^{-3} * 2^{-(n-1)}$	0.9375~0.96785	$2^{-3} * 2^{-n}$	0.96785~1	$2^{-3} * 2^{-(n-1)}$
96~128	0.9375~1	0.9375~0.96785	$2^{-4} * 2^{-(n-1)}$	0.96785~0.984375	$2^{-4} * 2^{-n}$	0.98437~1	$2^{-4} * 2^{-(n-1)}$

지오메트리 프로세서 구조에서 라이팅 연산 중 값이 0~1 사이에 분포하는 경우 고정소수점 데이터 형식을 이용한다. 따라서 $(n \cdot h)$값 또는 $(-l \cdot s_{dir})$이 고정소수점 형식을 갖고 있고 지수인 m_{shi} 또는 s_{exp} 값은 0~128의 범위 안에 분포하기 때문에 24-bit 부동소수점 데이터 형식을 가지고 있다. 따라서 제안하는 멱승기(Power Unit)의 구조는 롬 테이블 방식인 것은 똑같지만 입력으로 받는 값들의 형식(Format)을 고려하여 주소를 발생시켜야 한다.

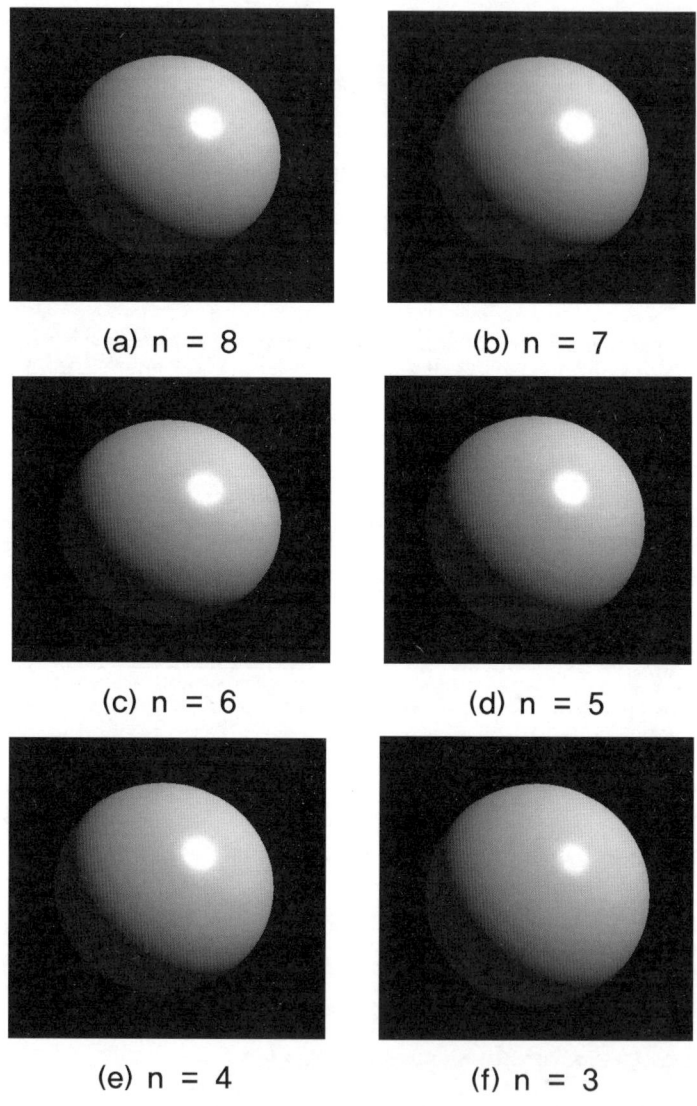

(a) n = 8   (b) n = 7

(c) n = 6   (d) n = 5

(e) n = 4   (f) n = 3

[그림 4-9] n에 따른 ROM Table의 MESA 라이브러리 실험 결과

7. 부동소수점 유닛 검증

앞에서 설계한 연산기들을 검증하기 위해 Visual C++.NET에서의 콘솔 모드와 iProve Transactor를 이용하여 각 연산기들을 검증하였다. 연산기들을 검증하기 위해 앞에서 제시한 지오메트리 프로세서가 들어갈 부분을 연산기들을 묶은 Top 모듈을 설계하였다. 키보드 입력을 쉽게 받을 수 있는 소프트웨어의 장점을 이용하여 데이터 2개를 입력받아 이 데이터 2개를 각 연산기들로 보내진다. 이때 연산기의 특성상 역수 연산기와 역제곱근 연산기는 처음으로 입력받은 데이터만을 연산기의 입력으로 활용하였다. 다음 [그림 4-10], [그림 4-11]은 Visual C++.NET을 활용한 지오메트리 연산기 검증 화면을 캡쳐한 것이다.

Visual C++.NET의 부동 변수는 32-bit IEEE-754 표준 값을 따른다. 32-bit 부동소수점 데이터 형식으로 받은 A, B 두 변수를 24-bit 부동소수점 데이터 형식으로 변환하여 2진수와 16진수로 표시해 주고 각 연산기들을 순수 소프트웨어로 연산했을 때와 설계한 연산기를 통해서 나온 값들을 정렬하였다. 이때 소프트웨어를 통해서 나온 데이터 값을 24-bit 형식으로 변환한 값과 24-bit로 표현하였을 때의 하드웨어 24-bit로 표현한 값이 같아도 실제 위에 표시된 숫자의 크기가 다른 이유는 32-bit에서 24-bit로 줄은 만큼의 정확도가 떨어지기 때문이다. Visual C++.NET의 콘솔 모드로 검증한 24-bit 연산기들의 정확도는 [표 4-6]과 같다.

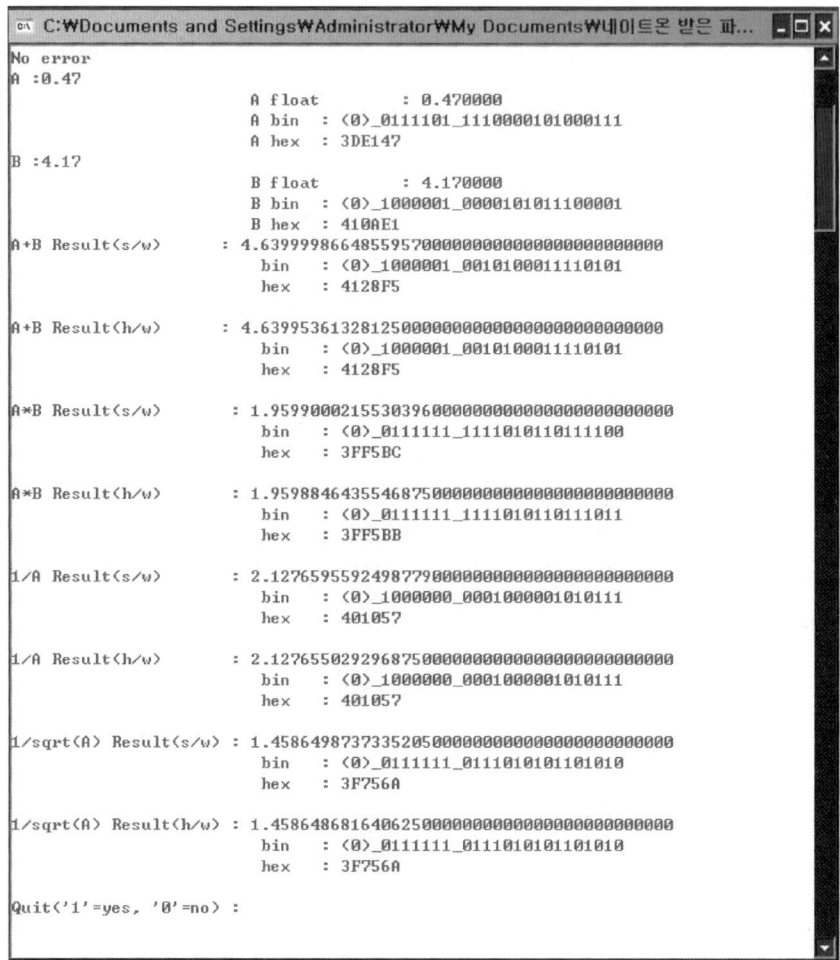

[그림 4-10] Visual C++.NET을 이용한 검증화면(a)

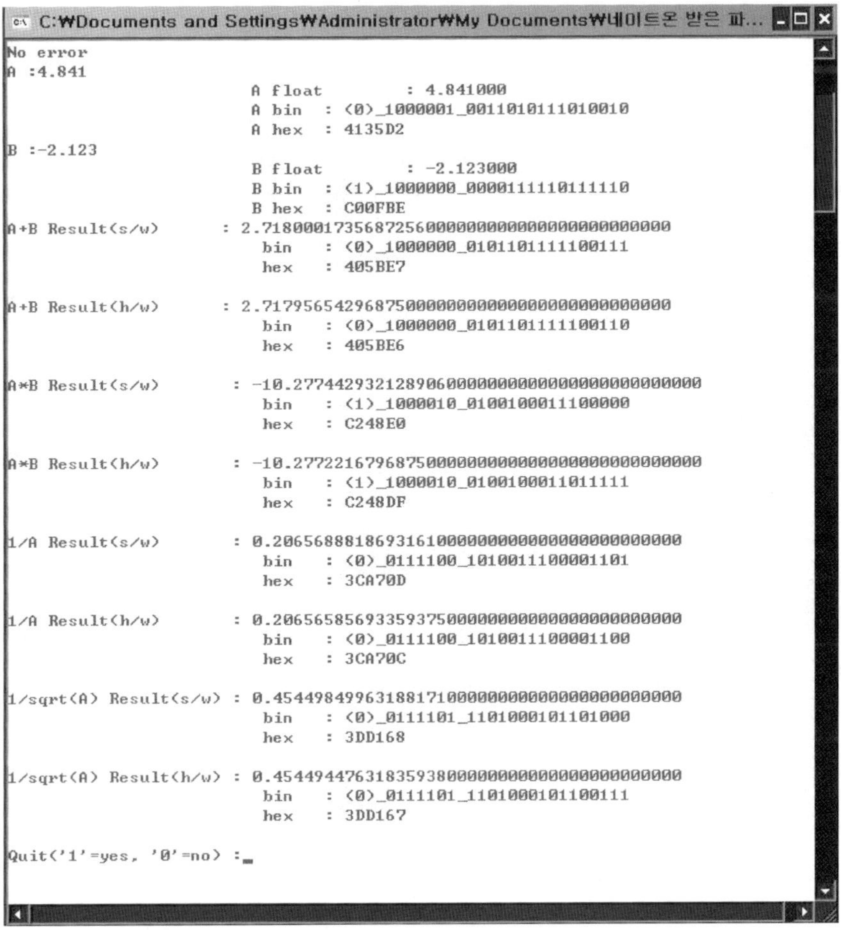

```
C:₩Documents and Settings₩Administrator₩My Documents₩네이트온 받은 파...  _ □ ×
No error
A :4.841
                        A float      : 4.841000
                        A bin  : <0>_1000001_0011010111010010
                        A hex  : 4135D2
B :-2.123
                        B float      : -2.123000
                        B bin  : <1>_1000000_0000111110111110
                        B hex  : C00FBE
A+B Result(s/w)      : 2.71800017356872560000000000000000000000000
                        bin  : <0>_1000000_0101101111100111
                        hex  : 405BE7

A+B Result(h/w)      : 2.71795654296875000000000000000000000000000
                        bin  : <0>_1000000_0101101111100110
                        hex  : 405BE6

A*B Result(s/w)      : -10.27744293212890600000000000000000000000000
                        bin  : <1>_1000010_0100100011100000
                        hex  : C248E0

A*B Result(h/w)      : -10.27722167968750000000000000000000000000000
                        bin  : <1>_1000010_0100100011011111
                        hex  : C248DF

1/A Result(s/w)      : 0.20656888186931610000000000000000000000000
                        bin  : <0>_0111100_1010011100001101
                        hex  : 3CA70D

1/A Result(h/w)      : 0.20656585693359375000000000000000000000000
                        bin  : <0>_0111100_1010011100001100
                        hex  : 3CA70C

1/sqrt(A) Result(s/w) : 0.45449849963188171000000000000000000000000
                        bin  : <0>_0111101_1101000101101000
                        hex  : 3DD168

1/sqrt(A) Result(h/w) : 0.45449447631835938000000000000000000000000
                        bin  : <0>_0111101_1101000101100111
                        hex  : 3DD167

Quit('1'=yes, '0'=no) :▮
```

[그림 4-11] Visual C++.NET을 이용한 검증화면(b)

역수 연산기와 역제곱근 연산기의 오차가 더 큰 이유는 LUT(Look Up Table)을 사용해 근삿값을 추출하여 사용하기 때문에 가산기, 감산기, 곱셈기보다 오차율이 높다. [그림 4-11]은 또 다른 변수를 입력한 연산기들의 검증 화면이다.

설계한 부동소수점 유닛들의 크기를 알기 위해 Magnachips 0.35um 공정에서 합성하였다. Clock 주기는 100MHz로 설정하였다. [표 4-7]

은 지오메트리 프로세서에서 사용된 각 연산기들의 게이트의 수를 나
타낸다.

[표 4-6] 부동소수점 유닛 정밀도

Floating Point Units	Precision(fraction = 16-bit)
Adder / Subtractor Unit	15-bit (최대 1-bit 오차)
Multiplier Unit	15-bit (최대 1-bit 오차)
Reciprocal Unit	14-bit (최대 2-bit 오차)
Reciprocal Square Root Unit	14-bit (최대 2-bit 오차)

[표 4-7] 부동소수점 유닛의 합성 결과

Unit	Pipeline	Gate 수
Adder / Subtractor	1 Stage	668
Multiplier	1 Stage	601
Reciprocal	3 Stage	2,222
Reciprocal Square Root	4 Stage	1,438

8. 3차원 가속기 파이프라인 구조

지오메트리 처리 과정은 각 처리 단계마다 모델의 좌표 데이터와 처리
방법의 병렬성이 크게 내재되어 있으므로 이를 최대한으로 이용하여 동
시에 여러 데이터를 파이프라인으로 빠르게 처리하는 병렬구조가 적합하
다. 지오메트리 프로세서에 채택할 수 있는 병렬 구조로는 VLIW(Very

Long Instruction Word) 구조, SIMD(Single Instruction stream Multiple Data stream) 구조와 MIMD(Multiple Instruction stream Multiple Data stream) 구조가 있다.

VLIW 구조는 지오메트리 처리 과정의 각 처리 단계의 병렬성과 모델의 좌표 간의 병렬성을 이용하는 구조다. 모델의 한 좌표에 대하여 한 명령어가 여러 연산을 수행할 수 있다. SIMD 구조는 모델의 좌표 x, y, z, w 성분 간의 병렬성을 이용하는 구조로 하나의 명령어로 모델의 한 좌표 성분 x, y, z, w를 동시에 연산할 수 있다. MIMD 구조는 모델 좌표 간의 병렬성과 모델의 좌표 x, y, z, w 성분 간의 병렬성을 이용하는 구조로 모델의 한 좌표 성분 x, y, z, w를 동시에 연산할 수 있는 명령어 여러 개를 동시에 수행시켜 한 번에 여러 개의 모델 좌표를 동시에 처리할 수 있다. 타 지오메트리 프로세서들도 3차원 그래픽 데이터를 효율적으로 처리하기 위해 이와 같은 병렬 구조들을 채택하고 있다.

MMID 구조는 위 세 가지 병렬 구조 중 3차원 그래픽 데이터의 병렬성을 최대한으로 이용하여 지오메트리 처리 과정을 가장 효율적으로 처리할 수 있다. 그러나 다중 데이터를 처리하는 부동소수점 기능 유닛이 여러 개로 구성되기 때문에 상당히 큰 데이터 패스가 형성되며, 3차원 그래픽 데이터를 여러 기능 유닛에 효율적으로 분배하기 위한 분배 유닛으로 인해 제어부도 상당히 복잡해진다.

VLIW 구조는 3차원 그래픽 데이터와 처리 과정의 병렬성을 이용하여, 지오메트리 처리 과정 실행 시 큰 이점이 있으나, 명령어의 복잡도로 인해 명령어 디코더를 포함한 제어부가 복잡하며, VLIW 구조의 특징상 지오메트리 처리 과정의 프로그램 생성 시 유연성(Flexibility)이 크게 감소하여 고정 기능 유닛(Fixed Functional Unit)과 같은 구조가 될 수 있다[29].

프로세서의 사용 면적과 프로그램 유연성이 중요시되는 내장형 시스템의 3차원 그래픽 가속을 위한 지오메트리 처리에 MIMD 구조, VLIW

구조와 같은 병렬구조는 적합하지 않다. [그림 4-12]은 지오메트리 처리 과정에서 주가 되는 4×4 행렬과 1×4 행렬 곱셈 연산을 128-bit SIMD 구조로 처리하는 과정을 나타낸다.

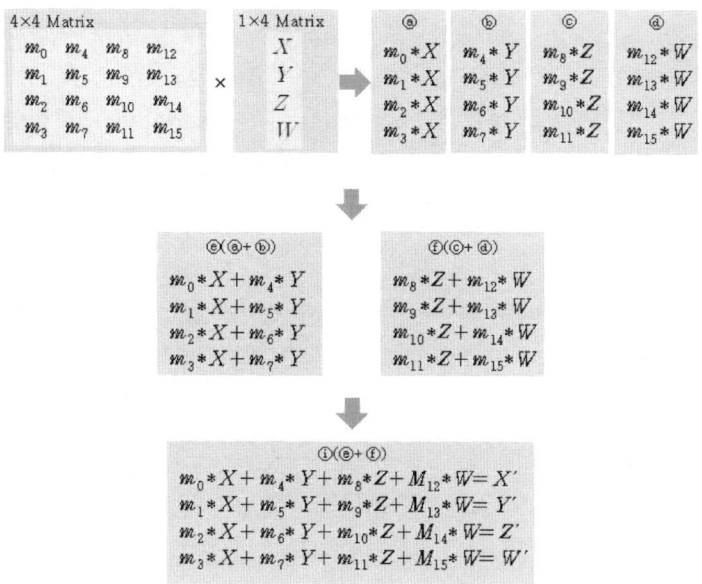

[그림 4-12] 128-bit SIMD 구조를 적용한 행렬 곱셈 연산

4×4 행렬과 1×4 행렬 곱셈 연산을 128-bit SIMD 구조를 적용한 프로세서에서 처리할 경우, [그림 4-12]와 같이 ⓐ~ⓘ의 과정으로 처리할 수 있으며, 이는 7개의 명령어 수행으로 4×4 행렬과 1×4 행렬 곱셈 연산을 처리할 수 있다는 것을 의미한다.

프로세서의 파이프라인 구조 역시 병렬 구조 채택과 마찬가지로 지오메트리 프로세서의 성능에 큰 영향을 미친다. 지오메트리 프로세서의 명령어 파이프라인 데이터 의존성(Data Dependency)이나, 처리유닛 의존성(Resource Dependency) 등 파이프라인 해저드로 정지(Stall)될 경우 연속적인 반복 수행(Loop)으로 구성된 지오메트리 처리 과정은 상당히 큰 성

능 저하를 가져오게 된다. [그림 4 – 13]은 [그림 4 – 12]를 나타내는 수행
도로 데이터 의존성으로 인한 파이프라인의 정지를 나타낸다. [그림 4 –
13] 파이프라인은 명령어 해석 단계인 ID, 부동소수점 연산 단계인 EX1,
EX2, EX3과 연산 결과를 저장하는 WB 단계로 구성된다. 일반적인 부동
소수점 연산은 3개의 수행 단계를 갖는다. 이로 인하여 ⓔ～ⓘ 과정에서
데이터 의존성을 해결하기 위한 데이터 전달 방향(Data Forwarding)이 파
이프라인 정지 없이 수행될 수 없다. 이러한 데이터 의존성에 의한 파이
프라인 정지는 부동소수점 연산기의 수행 단계가 길어질수록 많이 발생
하며, [그림 4 – 13]과 같은 행렬 곱셈뿐만 아니라 데이터 적재 / 저장 등
지오메트리 전 과정에서 수차례 발생한다.

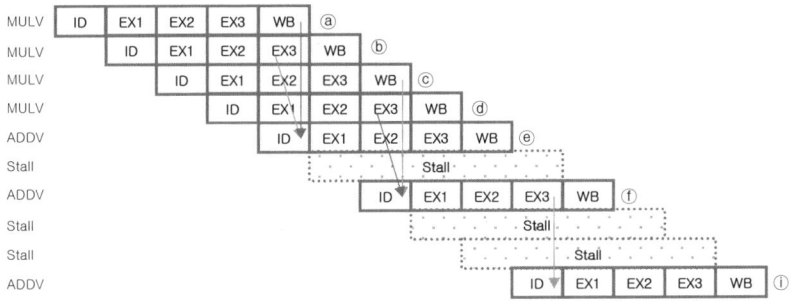

[그림 4 – 13] 데이터 의존성으로 인한 파이프라인 정지

기존의 프로그램 제어방식 지오메트리 프로세서는 파이프라인 해저
드로 인한 지오메트리 프로세서의 성능 저하를 줄이기 위해 [그림 4 –
14]와 같은 파이프라인 구조를 사용하였다. 이는 2단계 부동소수점 연
산기를 기반으로 4단계로 설계되었으며, 모델의 정점 2개를 중첩하여
처리하는 구조로 데이터 의존성으로 인한 파이프라인의 정지가 발생하
지 않도록 되어 있다. 이 파이프라인 구조는 지오메트리 처리 전 과정
에서 두 개의 정점을 중첩하여 처리함으로써 단 한 번의 파이프라인
정지도 발생하지 않는다. 다음 항목은 지오메트리 처리 과정을 가속하

기 위해 적합한 프로세서의 구조와 지오메트리 프로세서 설계 시 채택된 구조를 요약한 것이다.

가. 3차원 그래픽 데이터와 처리 과정에 내재된 병렬성을 최대한 이용할 수 있는 병렬 구조를 가져야 한다: 128 SIMD 구조를 채택하여 모델의 좌표 x, y, z, w에 대한 연산을 병렬로 수행하며, 128-bit Load / Store를 지원하여 모델의 좌표 x, y, z, w를 한번에 처리한다.

나. 병렬구조로 인한 성능 향상을 최대로 하기 위해 최적화된 파이프라인 구조를 가져야 한다. 모델의 정점 두 개를 중첩하여 처리하는 파이프라인 구조를 채택하여 파이프라인 해저드로 인한 파이프라인 정지를 제거하였다.

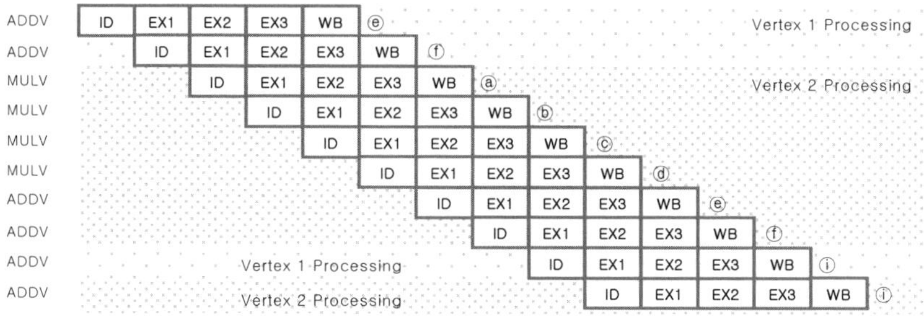

[그림 4-14] 프로그램 제어방식 지오메트리 파이프라인 구조

V. 지오메트리 프로세서 설계

　　설계한 지오메트리 프로세서는 24−bit 데이터 형식을 갖는 하드와이어드 디코더 구조로서 기존의 32−bit 데이터 형식을 갖는 프로그램 제어방식 지오메트리 프로세서의 성능을 더욱 향상시켜 설계하였다.

1. 32−bit 프로그램 제어방식
지오메트리 프로세서

　　3차원 그래픽 연산 명령어로 지오메트리 처리를 수행하는 구조로 명령어 프로그램 제어방식을 갖는다. 구조는 명령어 기반 어셈블리 프로그램과 하드웨어가 직접 연결되기 때문에 응용프로그램에 따라 높은 유연성을 갖는 장점이 있다. 또한 IEEE-754 부동소수점 표준 형식에 맞는 32-bit 연산기를 사용하기 때문에 높은 정밀도와 표준화에서 장점이 있다. 32-bit 프로그램 제어방식 지오메트리 프로세서의 특징은 다음과 같다.

1) 3차원 그래픽 데이터와 처리 과정에 내재된 병렬성을 최대한 이용할 수 있는 병렬구조를 갖는다: 128-SIMD 구조를 채택하여 모델의 좌표 x, y, z, w에 대한 연산을 병렬로 수행하며, 128-bit 적재/저장을 지원하여 모델의 좌표 x, y, z, w를 한번에 처리한다.

2) 병렬구조로 인한 성능 향상을 최대로 하기 위한 최적화된 파이프라인 구조를 갖는다: 모델의 정점 두 개를 중첩하여 처리하는 파이프라인 구조를 채택하여 파이프라인 해저드로 인한 파이프라인 정지를 제거하였다.

3) IEEE-754 부동소수점 데이터 형식의 사용: 모델의 좌표 x, y, z, w와 모델의 색상 R, G, B를 32-bit IEEE-754 표준 부동소수점 데이터 형식으로 데이터를 연산 또는 저장한다.

4) 명령어 디코더 단과 Write Back 단을 포함한 4~6단 파이프라인 구조를 갖는 연산기: 가산기/감산기와 곱셈기들은 2단계의 실행 단을 갖고 있고, 역수와 역제곱근 연산기들은 4-단계의 실행(Execution) 단을 갖고 있다.

5) 명령어 중심의 프로세서: 다양한 연산기들을 필요에 따라 선택적으로 사용할 수 있다.

6) 73개의 32-bit 레지스터로 구성: 73개의 레지스터들을 그룹화하여 효율적으로 접근할 수 있는 레지스터 파일 구조를 가진다.

7) 9개의 명령어 구성: MULV, ADDV, CMPV, CONV, LDRV, STRV,
   MOVV, SQRT, POW의 명령어가 정의되어 있고 기본적으로 오퍼
   랜드 표현은 목적지, 소스 1, 소스 2의 3-Address 형식이다.

32-bit 프로그램 제어방식 지오메트리 프로세서는 병렬성을 최대한
이용하는 128-bit, 64-bit SIMD 형식의 명령어를 정의하고, 이를 지
원하기 위해 부동소수점 연산기들을 SIMD 형식으로 구성하였다. 파이
프라인 구조와 레지스터 파일 구조를 SIMD 명령어의 효율적인 수행을
위해 최적화 설계하였다. SIMD 형식 명령어는 MULV, ADDV, CMPV,
CONV, LDRV, STRV, MOVV 명령어로 구성되며, 명령어 끝의 'V'는
128-bit, 64-bit Vector 연산의 지원을 의미한다. [그림 5-1]는 SIMD
명령어의 기본 형식을 나타낸다. SIMD 명령어는 32-bit 크기로 최상
위 4-bit은 명령어의 명령어 코드(Opcode)로 명령어의 종류를 구분하
며, 옵션 필드 4-bit은 레지스터 파일로부터 피연산자(Operand)를 인출
하는 방식을 명시한다. 나머지 필드들은 피연산자 메모리 주소를 나타
내며, 기본적으로 피연산자 표현은 목적지, 소스 1, 소스 2를 명시하는
3-Address 형식이다.

 MULV 명령어와 ADDV 명령어는 128-bit, 64-bit SIMD 곱셈, 덧
셈 연산을

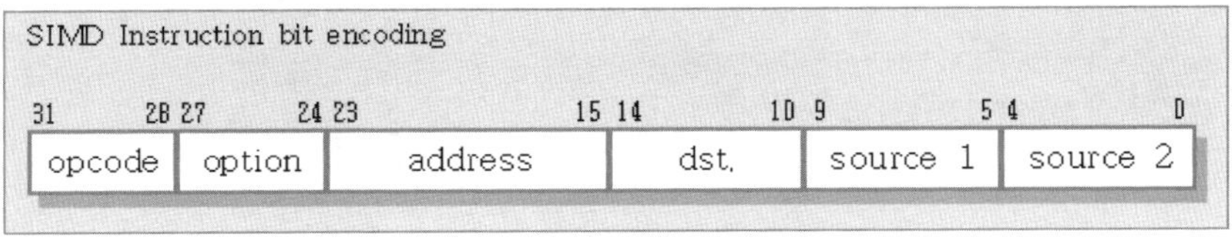

[그림 5-1] SMID 명령어 기본 형식

수행하는 명령어로 지오메트리 처리 전 과정에서 필요하며, [그림 5-2]
와 같이 피연산자 인출 시 레지스터 파일로부터 네 개의 레지스터를

128-bit으로 확장하는 방식, 하나의 레지스터를 128-bit로 확장하는 방식과 2개의 레지스터를 64-bit으로 확장하는 방식을 지원한다.

CONV 명령어는 역수 연산을 수행하는 명령어로 한 개의 레지스터 피연산자의 역수 값을 한 개의 출력 레지스터에 저장한다. CONV 명령어는 다른 명령어들과 달리 SIMD 데이터 형식을 지원하지 않는다. 이는 32-bit 역수 연산과 128-bit 곱셈 연산으로 128-bit 나눗셈 연산이 효과적으로 대처되기 때문이다.

LDRV와 STRV는 메모리와 데이터를 프로세서 레지스터에 저장하는 동작과 프로세서 레지스터의 데이터를 메모리에 저장하는 동작을 수행하는 명령어로서 128-bit SIMD 데이터 형식과 32-bit 데이터 형식을 지원한다. 지오메트리 처리 과정의 데이터가 대부분 4개의 좌표 단위로 이루어지며, 이를 128-bit SIMD Load / Store로 32-bit 부동소수점의 좌표 x, y, z, w를 한번에 처리할 수 있다.

MOVV는 레지스터의 데이터를 다른 레지스터로 이동하는 동작을 수행하는 명령어로서 128-bit SIMD 데이터 형식을 지원한다.

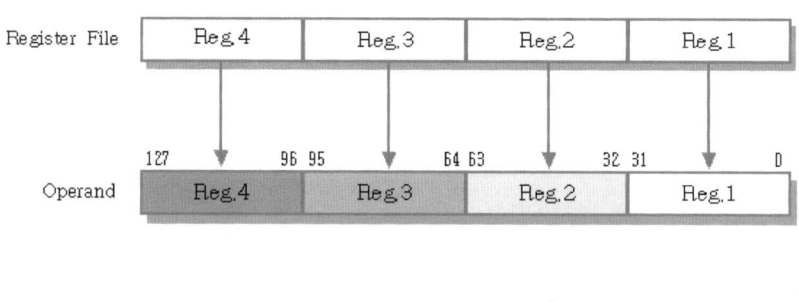

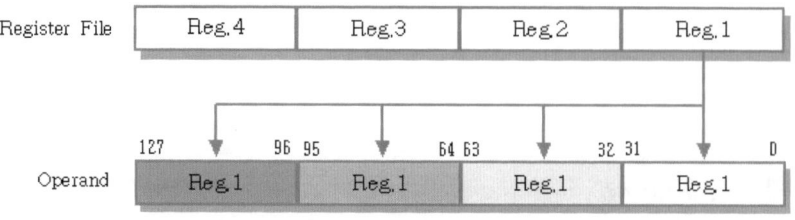

[그림 5-2] MULV, ADDV 명령어의 오퍼랜드 인출 방식

지오메트리 처리 SIMD 형식 명령어는 기본적으로 4단계 파이프라인 수행 단계를 갖는다. 단 역수 연산 명령어 CONV의 수행은 6단계의 파이프라인 단계를 갖는다. [그림 5-3]은 지오메트리 프로세서의 명령어 수행 파이프라인 단계를 나타낸다. MULV, ADDV 등과 같은 부동소수점 연산 명령어들은 부동소수점 연산의 긴 지연시간으로 인해 다수의 EX(Execution Stage) 단계를 가지며, 특히 부동소수점 역수 연산은 네 개의 EX 단계로 파이프라인이 구현된다. LDRV, STRV와 같은 메모리 전송 명령어는 메모리의 주소와 제어신호를 발생하는 EX 단계와 메모리와 데이터를 주고받는 MEM(Memory Stage) 단계로 파이프라인이 구성되며, MOVV 명령어는 프로세서의 제어 및 파이프라인 구성의 편의를 위하여 두 번의 Bypass 단계를 갖는 4단계 파이프라인으로 구성된다.

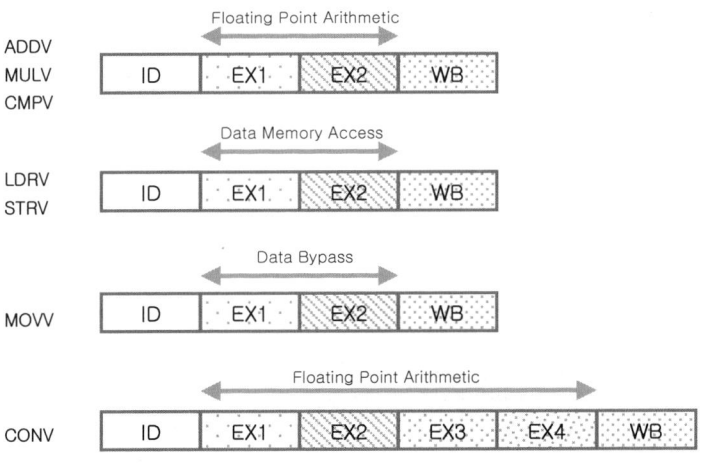

[그림 5-3] 지오메트리 프로세서의 명령어 수행 파이프라인

지오메트리 프로세서는 데이터 의존성에 의해 일어나는 파이프라인의 정지를 제거하기 위해 두 개의 정점 데이터를 중첩하여 파이프라인을 수행한다. 두 개의 정점 데이터를 중첩하여 파이프라인을 수행하기

위해서는 프로세서의 레지스터 파일이 이에 적합한 구조로 구성되어야
한다. 지오메트리 프로세서는 총 73개의 32-bit 레지스터로 구성되며,
이를 그룹화하여 효율적으로 접근할 수 있는 레지스터 파일 구조를 갖
는다. 이는 정점 데이터를 하나씩 처리할 때보다 더 많은 레지스터의
개수가 필요하게 되지만 파이프라인이 멈추지 않고 처리할 수 있도록
지원하여 결과적으로 지오메트리 처리 과정에서 처리 속도의 향상을
가져온다. [그림 5-4]는 32-bit 프로그램 제어방식 지오메트리 프로세
서의 레지스터 파일 구조를 나타내고, [표 5-1]은 레지스터 파일 그룹
에 저장되는 데이터 유형을 나타낸다.

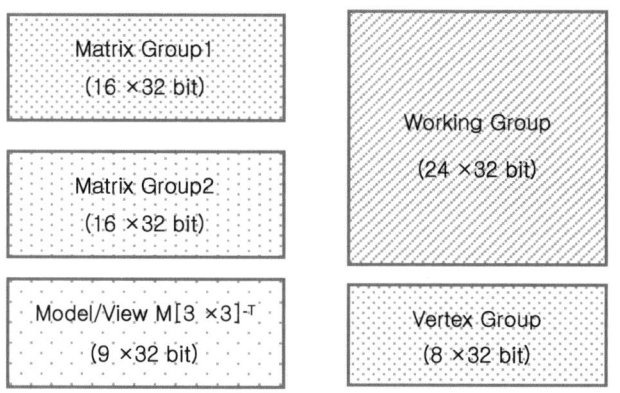

[그림 5-4] 32-bit 지오메트리 프로세서의 레지스터 파일 구조

[표 5-1] 레지스터 파일에 저장되는 데이터 유형

레지스터 그룹(Register Group)	저장 데이터 유형
Matrix Group1(MG1)	Model / View Matrix 4×4
Matrix Group1(MG1)	Projection Matrix 4×4
Model / View M[3×3]-T(NMG)	Normal Vector Matrix 3×3
Working Group(WG)	Temporary Data
Vertex Group(VG)	2 Vertex Data

   32-bit 프로그램 제어방식 지오메트리 프로세서는 [그림 5-5]와 같이 SIMD 데이터 패스 구조를 갖는다. 지오메트리 프로세서는 크게 명령어 디코더, 전방 전달 회로, 제어 회로, 레지스터 파일, 부동소수점 연산 회로, 적재/저장 회로로 구성된다. 명령어 디코더(Instruction Decoder)는 호스트 프로세서(Host Processor)로부터 전달받은 SIMD 명령어를 해석하는 회로다. 전방 전달 회로는 데이터 의존성이 발생하였을 때 데이터를 전방에 전달하기 위한 회로이며, 제어회로는 지오메트리 프로세서의 파이프라인과 데이터 패스를 제어하는 역할을 한다. 적재/저장 유닛은 데이터 메모리에서 데이터를 적재(load) 또는 저장(store)하는 데 필요한 주소와 메모리 제어 신호를 생성하며, 128-bit SIMD 데이터를 정렬하는 역할을 한다. 레지스터 파일은 32×73 bit의 크기를 가지며, 여러 4×4 변환 행렬, 두 정점의 좌표와 임시 데이터를 저장하여 부동소수점 연산 회로는 네 개의 부동소수점 덧셈기/곱셈기와 한 개의 역수 연산기로 구성되어 지오메트리 프로세서의 데이터를 SIMD(Single Instruction Multiple Data) 연산 처리한다. [표 5-2]는 32-bit 프로그램 제어방식 지오메트리 프로세서 하드웨어 구성을 요약 정리한 것이다.

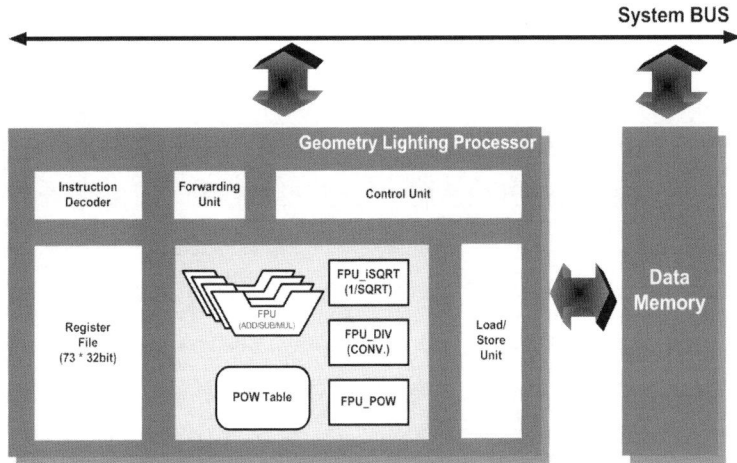

[그림 5-5] 32-bit 지오메트리 프로세서 구조

[표 5-2] 32-bit 지오메트리 프로세서의 하드웨어 구성 요약

연산 유닛	• FPU_ADD_SUB_MUL(4) • FPU_DIV(1) • FPU_POW(1) • FPU_iSQRT(1)
기능 유닛	• Instruction Decoder • Forwarding Unit • Control Unit • Load / Store Unit
레지스터 파일	• 73×32 bit
버스폭	• 128-bit

2. 24-bit 하드와이어드 지오메트리 프로세서 설계

24-bit 데이터 형식을 갖는 지오메트리 프로세서는 하드와이어드 디코더(Hard wired Decoder) 구조로 설계되었다. 하드와이어드 구조의 특징은 명령어 없이 제어되는 구조다. 명령어 중심의 프로세서보다는 유연성이 떨어지지만 명령어 구조에서 빈번하게 일어나는 적재 / 저장 과정이 없고, 각 연산기에 존재했던 ID(Instruction Decoder) 단계와 WB(Write Back) 단계가 존재하지 않고, 중간 저장 레지스터가 없다. 상대적으로 단순한 로직만을 실행할 수밖에 없지만 속도가 빠르고 메모리 용량을 줄일수 있다는 장점을 갖고 있다. 지오메트리 엔진에서 변환(Transformation)

부분이나 라이팅(Lighting) 부분이 똑같은 패턴의 연산을 계속 사용한다는 것을 이용하는 하드와이어드 구조를 채택하였다.

지오메트리 프로세서는 enable 신호와 함께 입력 레지스터에 저장되어 있는 데이터들을 받아들이면서 동작한다. 파이프라인 구조에 따라 올바른 출력 데이터들이 나오는 시점에서 enable 신호도 함께 나오게 되어 enable 신호가 출력 레지스터의 기록(Write) 신호가 된다. [그림 5-6]은 지오메트리 프로세서의 데이터 흐름도를 나타낸 것이다. 설계한 지오메트리 프로세서에서 변환 처리 과정은 4×4 매트릭스와 x, y, z, w로 이뤄진 정점들의 곱셈 과정을 수행한다. [그림 5-7]은 변환 단계 파이프라인 구조다. 변환 과정은 총 7단계에 걸쳐 이루어진다. 먼저 4×4 매트릭스를 4등분하여 한 사이클에 4×1 매트릭스의 형태로 입력된다. 4×4 매트릭스를 한 번에 넣지 않고, 4번에 걸쳐 넣은 이유는 w로 값이 나오는 매트릭스 연산 부분은 w 값이 나온 후에 divide by W 과정을 거치게 되어 한 번에 입력을 하여도 총 7단계가 걸리는 것은 동일하며 필요한 총 연산기의 수를 1/4로 줄일 수 있기 때문에 4등분하여 입력을 받도록 설계하였다. 단, 매트릭스를 입력으로 넣을 때 w로 계산되는 값을 제일 먼저 입력받도록 설정하여 x, y, z를 계산하는 3 Clock 시간 동안 Divide by W를 수행하게 되어 한 번에 입력을 넣은 경우와 같은 사이클로 동작할 수 있다.

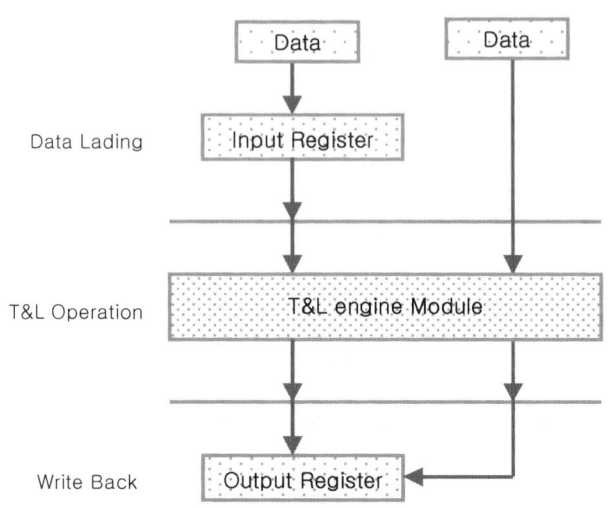

[그림 5-6] 지오메트리 프로세서의 데이터 흐름

Input   Output

	MUL	ADD1	ADD2	RCP			
Matrix_W	MUL	ADD1	ADD2	RCP			
Matrix_X		MUL	ADD1	ADD2	Wait	MUL	X
Matrix_Y			MUL	ADD1	ADD2	Wait	MUL	Y
Matrix_Z				MUL	ADD1	ADD2	MUL	Z

[그림 5-7] 변환 스테이지 파이프라인

  설계한 지오메트리 프로세서에서 라이팅 처리 과정은 빛의 속성들에 대한 입력을 받고 이를 R, G, B 값으로 연산되게 하는 과정을 거친다. [그림 5-8]은 라이팅 처리 과정 중 반사(Specular) 과정의 파이프라인 구조다. 반사 과정의 파이프라인은 빛 속성 중에 가장 긴 파이프라인을 갖고 있다.

  라이팅 스테이지는 광원 1개당 총 9사이클 구조로 이루어져 있고, 광원 1개를 추가할 때마다 1사이클씩 증가하게 된다. 라이팅 과정에서 광원이 여러 개 존재할 경우 앞에서 계산한 R, G, B 값을 더하는 과정이 존재하게 되어 이를 ADD2 부분에서 연산하게 된다. [그림 5-9] 는 변환 과정과 라이팅 과정의 파이프라인을 좀 더 자세히 표현한 것 이다.

Input											Output
Source 1	RSQ1	RSQ2	RSQ3	RSQ4	DOT1	DOT2	POW	ADD1	ADD2		Source 1
Source 2		RSQ1	RSQ2	RSQ3	RSQ4	DOT1	DOT2	POW	ADD1	ADD2	Source 2
Source 3			RSQ1	RSQ2	RSQ3	RSQ4	DOT1	DOT2	POW	ADD1	ADD2	Source 3
Source 4				RSQ1	RSQ2	RSQ3	RSQ4	DOT1	DOT2	POW	ADD1	ADD2	Source 4

[그림 5-8] 라이팅 스테이지 파이프라인

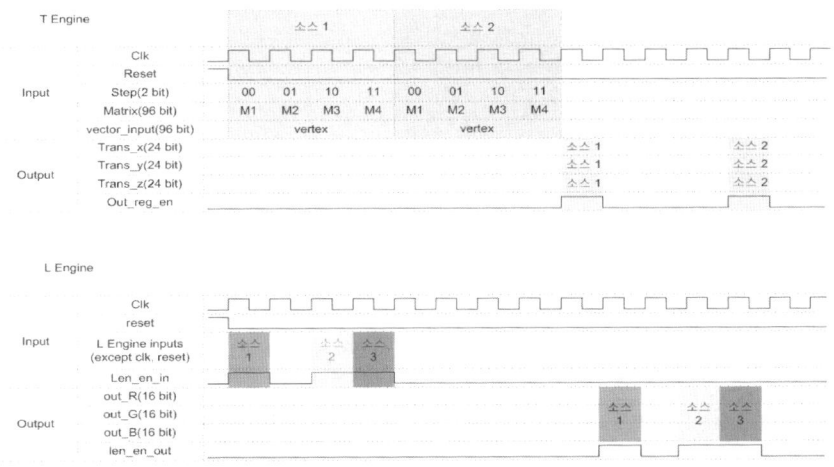

[그림 5-9] 지오메트리 프로세서 파이프라인

[그림 5-9]에서 변환 과정은 4×4 행렬을 입력받음으로써 시작된다. 4×4 행렬을 4등분하여 각각의 위치는 Step 신호로써 구분하도록 설계 하였다. 따라서 한 개의 출력을 얻기 위해서는 최소한 4사이클이 필요 하다.

빛 처리 과정은 전체 입력들을 한 번에 받도록 설계하였기 때문에 광원 1개를 계산할 때 입력은 한 사이클에 전부 받도록 하여 광원의 개수가 증가할수록 필요한 입력 사이클이 증가하게 된다. enable 신호에 의해서 빛 처리 과정을 시작하게 된다. 언제든지 enable 신호만 받으면 준비된 입력 신호를 이용하여 계산을 시작한다. 소스 1과 소스 2 사이처럼 enable 신호를 0(low)으로 해 줌으로써 출력 값이 유효하지 않다는 것을 알 수 있고, 소스 2나 소스 3처럼 연속적으로 enable 신호가 1로 들어와도 파이프라인을 통해 순차적으로 결과가 출력된다는 것을 알 수 있다.

3. 24-bit 프로세서와 32-bit 프로세서의 비교

다음 [표 5-3]은 24-bit 하드와이어드(Hardwired) 지오메트리 프로세서와 32-bit 프로그램 제어방식 지오메트리 프로세서를 비교한 것이다. 32-bit 프로그램 제어방식 지오메트리 프로세서의 면적은 Magnachips 0.35um 공정에서 합성해 본 결과 160,000 Gate의 큰 면적을 차지하는데 반해 24-bit 하드와이어드 지오메트리 프로세서는 32,000 Gate로 약 1/5 이하로 부피가 줄었음을 확인할 수 있었다. 이는 32-bit 프로그램 제어방식 지오메트리 프로세서가 73개의 레지스터와 상대적으로 부피가 큰 연산기들을 갖고 있기 때문이다. 그리고 전체적으로 연산기들의 수행 사이클 수를 줄이고, 32-bit 프로그램 제어방식 지오메트리 프로세서에서 존재했던 명령어 디코더(Instruction Decoder) 단계와 Write

Back 단계를 제거했기 때문에 전체 실행 속도가 크게 향상되었다.

설계된 하드와이어드 지오메트리 프로세서는 32-bit 프로그램 제어 방식에 지오메트리 프로세서보다 융통성은 떨어지지만 속도가 빠르고, 하드웨어가 차지하는 면적이 작기 때문에 임베디드 시스템 및 각종 휴대용 기기에 응용이 용이하다. 또한 각 연산기들은 개개의 IP 또는 3차원 그래픽 가속기 IP 형태로 구성할 수 있기 때문에 3차원 그래픽 가속기 SoC 구현이 용이하다.

[표 5-3] 지오메트리 프로세서의 비교

구　분	32-bit 프로세서	24-bit 프로세서
면적(Synopsys 합성)	160,000 Gate	32,000 Gate
Transformation 처리 cycle 수	20 cycle	7 cycle
Lighting(Directional) cycle 수	53 cycle	9 cycle
Lighting(Point) cycle 수	75 cycle	9 cycle

4. 타 지오메트리 프로세서와 성능 비교

설계된 24-bit 하드와이어드 지오메트리 프로세서와 타 지오메트리 프로세서의 성능을 비교하여 [표 5-4]에 정리하였다. 비교 항목은 프로세서의 동작 주파수와 초당 프리미티브(primitive)의 지오메트리 변환 처리 개수이며, 비교 대상은 VFP(Vector Floating-point Processor)를 내장한 ARM10 마이크로프로세서, Satine(Kaist), Z3D(Mitsubishi), MBX HR-S(PowerVR) 지오메트리 가속 프로세서와 SH(Hitachi) Geometry 가속 프로세서다.

지오메트리 프로세서는 [표 5-4]에 보인 바와 같이 타 지오메트리 가속 프로세서들에 비해 낮은 동작 주파수 환경에서 월등한 지오메트리 변환 성능을 보인다. MBX HR-S는 초당 5M 개의 프리미티브, 기존의 프로그램 제어방식 지오메트리 프로세서는 4M 개의 프리미티브 그리고 제안된 하드와이어드 지오메트리 프로세서는 8.9M 개의 프리미티브를 처리할 수 있다. 여기서 MBX HR-S의 동작 주파수는 120MHz이고, 프로그램 제어 방식 지오메트리 프로세서와 하드와이어드 지오메트리 프로세서를 FPGA 환경으로 실험한 동작 주파수는 80MHz이다. 따라서 향후 0.13um~0.18um 칩으로 제작되었을 경우 150MHz~200MHz의 높은 주파수에서 동작할 수 있을 것으로 예상되므로 MBX HR-S 프로세서와 같은 동작 주파수에서 동작할 경우 프로그램 제어방식 지오메트리 프로세서는 약 6M 개 이상의 프리미티브, 하드와이어드 지오메트리 프로세서는 약 12M 개 이상의 프리미티브를 처리할 수 있는 높은 처리 성능을 기대할 수 있다.

설계된 하드와이어드 지오메트리 프로세서는 Xilinx-Virtex2 FPGA에서 합성한 결과 32K 게이트의 면적과 80MHz의 동작 속도를 확인하였다. 지오메트리 프로세서의 성능을 방향 광원, 점광원, 집중조명 광원일 때를 각각 측정하여 [표 5-5]에 나타냈다. [표 5-5]에 나타난 음영 처리 성능은 지오메트리 프로세서가 80MHz로 동작하고, 광원이 하나 있을 때를 측정한 결과다.

설계된 하드와이어드 지오메트리 프로세서가 80MHz로 동작하면, 전체 소요 시간은 5.6ns 정도 소요되어 방향 광원의 경우는 1초당 약 3.5M의 삼각형을 처리하고, 점광원의 경우는 2.5M, 집중 조명광의 경우는 2.2M의 삼각형(Triangle)을 처리하게 된다. 지오메트리 프로세서의 음영 처리 성능 비교를 [표 5-6]에 나타냈다. 비교 대상 프로세서는 Hitachi사의 SH4, KAIST의 STAINE, Mitsubishi사의 Z3D, 기존의 32-bit 지오메트리 프로세서다. 제안된 하드와이어드 지오메트리 프로세서는 [표 5-6]에서와 같이 SH4보다 약 4.4배의 성능을 보였고, SATINE보다는 약 5.5배, 기존의 프로그램 제어방식 지오메트리 프로세서보다는 약 2배, GeZ3D보다는 약 8.8배의 정도의 빠른 성능을 보였다. SH4, SATINE보다는 낮은 Clock 주파수로 동작하기 때문에 전력 소모도 다른 두 종류의 프로세서보다 적게 되어 모바일 기기에 적합한 음영처리 프로세서가 될 수 있다.

[표 5-4] 타 지오메트리 프로세서와 성능 비교

Geometry Processor	Geometry Transformation 성능
ARM10 + VFP[49]	150K polygons / sec @150MHz
SATINE[18]	1.67M polygons / sec @200MHz
Z3D[48]	250K polygons / sec @30MHz
MBX HR-S[50]	5M polygons / sec @120MHz
SH4[19]	1M polygons / sec @200MHz
Programmable Geometry Processor	4M polygons / sec @80MHz
Hardwired Geometry Processor	8.9M polygons / sec @80MHz

[표 5-5] 지오메트리 프로세서의 음영 처리 성능

Transform & Light	Transform	Directional Light	Positional Light	Spot Light
초당 Polygon 처리 개수	8.9M	3.5M	2.5M	2.2M

[표 5-6] 제안된 지오메트리 프로세서의 음영 처리 성능 비교

Processor	Lighting Performance
SH4(Hitachi)[19]	500K Vertexes / sec @200MHz
SATINE(KAIST)[18]	400K Vertexes / sec @200MHz
Z3D(Mitsubishi)[48]	250K Vertexes / sec @30MHz
Programmable Geometry Processor	1M Vertexes / sec @80MHz
Hardwired Geometry Processor	2.2M Vertexes / sec @80MHz

VI. 검증 플랫폼

1. 검증 플랫폼 설계

    5장에서는 지오메트리 연산을 효율적으로 처리하는 연산기들을 설계하고, 이를 이용한 지오메트리 프로세서를 설계하였다. 설계한 지오메트리 프로세서는 Velirog HDL을 이용하여 설계하고, Mentor사의 ModelSim을 이용하여 회로 기능을 확인한 후, Dynalith Systems사의 iProve, Xilinx Vertex2 300만 게이트에서 3차원 그래픽 검증 플랫폼을 구현하였다. [그림 6-1]은 iProve의 처리 흐름도이다. [그림 6-1]에서 iProve는 컴퓨터의 PCI 슬롯을 통해 연결되는 구조로서 33MHz나 66MHz의 동작속도를 알 수 있다. 그림에서 보는 바와 같이 iProve의 환경을 이용하여 지오메트리 프로세서는 User Design in HDL이라고 표시되어 있는 FPGA에 넣었고, 테스트벤치(Testbench)의 역할을 C++.NET으로서 처리하였다. iProve는 하드웨어 검증을 위한 하드웨어로

서 visual C++.NET을 통해 GUI 환경 및 Transactor로 데이터를 보내
주거나 받는 역할을 한다.

Transactor는 Visual C++. NET과 설계한 FPGA를 연결시켜 FPGA
에 필요한 입력과 Clock을 생성시켜 보내주고 출력을 받는다. 이 출력
을 Visual C++. NET으로 보내줌으로써 Visual C++.NET이 이 출력
을 이용해 GUI를 꾸며주게 된다. [그림 6-2] iProve 기능 블록도는
iProve의 역할을 그림으로 나타낸 것이다.

Visual C++.NET과 지오메트리 엔진을 연결하는 Transactor 모듈은
iProve를 이용하여 설계하는 부분이다. Visual C++.NET에서 부동 변
수는 32-bit 형식을 갖는다. 이에 반해 지오메트리 엔진에는 24-bit 부
동소수점 형식과 16-bit 고정소수점 형식을 갖고 있어 이를 Transactor
에서 변환을 해 주는 코드가 있다.

Transactor는 Command, Read, Write 3개의 Port를 통해 Visual C+
+.NET과 연결이 되고, Transactor의 내부에 Block RAM이 존재한다.
[그림 6-3]은 Transactor Module에 대한 iProve 기능 블록도이다.

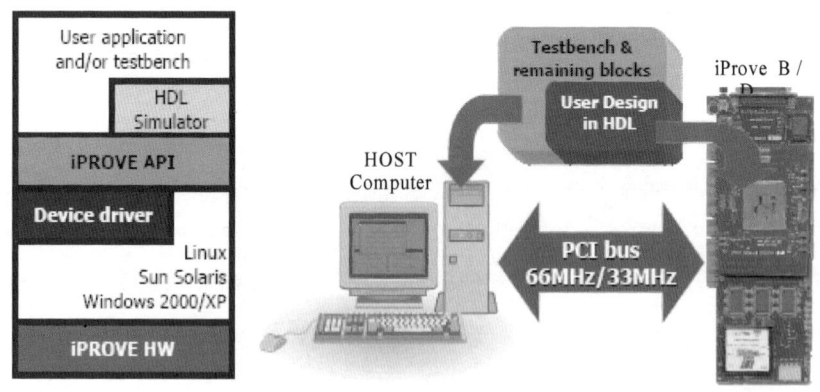

iProve S / W 구조   iProve 환경

[그림 6-1] iProve 처리의 흐름도

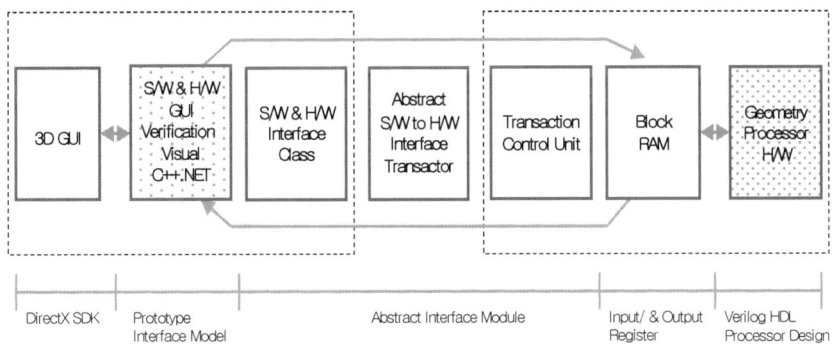

[그림 6-2] iProve 기능 블럭도

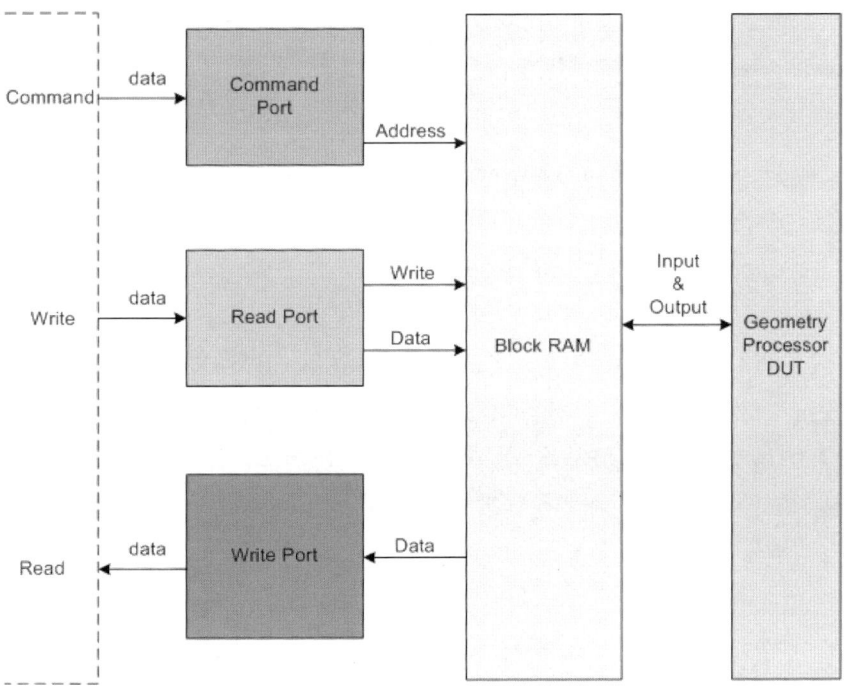

[그림 6-3] Transactor Module

2. 지오메트리 프로세서 검증

설계된 지오메트리 프로세서의 검증을 위해서는 모델들의 변환 과정과 라이팅 과정이 현실 세계처럼 자연스러운지를 확인해야 한다. 연산기를 검증하는 데 사용했던 콘솔(Console) 화면으로의 검증은 큰 의미가 없기 때문에 본 장에서는 Visual C++.NET을 이용하여 플랫폼의 GUI(Graphic User Interface)를 설계하였다.

테스트벤치(Testbench)의 역할을 하게 되는 Visual C++.NET은 전체적인 플랫폼의 GUI 구축과 Transactor의 3개 포트(Command, Write, Read)를 제어하게 된다. 다음 함수들이 Transactor의 3개의 포트를 제어하는 명령어다.

```
m_iProve.SendCommand(&command,1);      // use command port
m_iProve.Write((float*)matrix16,4);    // use write port
m_iProve.Read((float*)matrix16,4);     // use read port
```

32-bit의 크기를 가지는 Command Port는 블록 RAM의 주소 및 Transactor의 모드를 설정한다. 그리고 Write나 Read 포트를 이용해 실제 기록하거나 읽어올 데이터의 개수를 매개변수(Parameter)로 전달하게 된다. 이 3가지 명령어들을 조합하여 지오메트리 엔진의 입출력을 제어하게 된다.

Visual C++.NET에서 전체적인 플랫폼의 GUI와 디스플레이 하게 될 모델을 생성하고, 이 생성된 모델에는 모델의 좌표 값과 RGB 값들이 배열로 정리되어 있다. 이 좌표 값들과 RGB 값들을 Transactor로 넘겨주고 지오메트리 엔진에서 수행되어 Transactor로 전해져 오는 좌표 값들과 RGB 값들을 받아들여 이 값들을 플랫폼의 GUI로 적용해 주는 구조를 갖고 있다.

기본적으로 타이머를 이용해 자동으로 배율조정(Scaling)과 회전 (Rotation)을 반복하도록 설계하였으며, Translation의 경우 사물의 중점 에서 보이는 아이콘을 이동시키면 물체도 따라서 이동하도록 설계하였 다. 또 라이팅 과정의 증명을 위해 광원을 두어 명암처리 효과를 넣었 다. 이 명암처리 효과는 광원의 위치와 물체의 색상을 변경하여도 적 용된다. [그림 6-4], [그림 6-5]는 Visual C++.NET을 통해 만든 검 증 플랫폼의 실행한 화면이다.

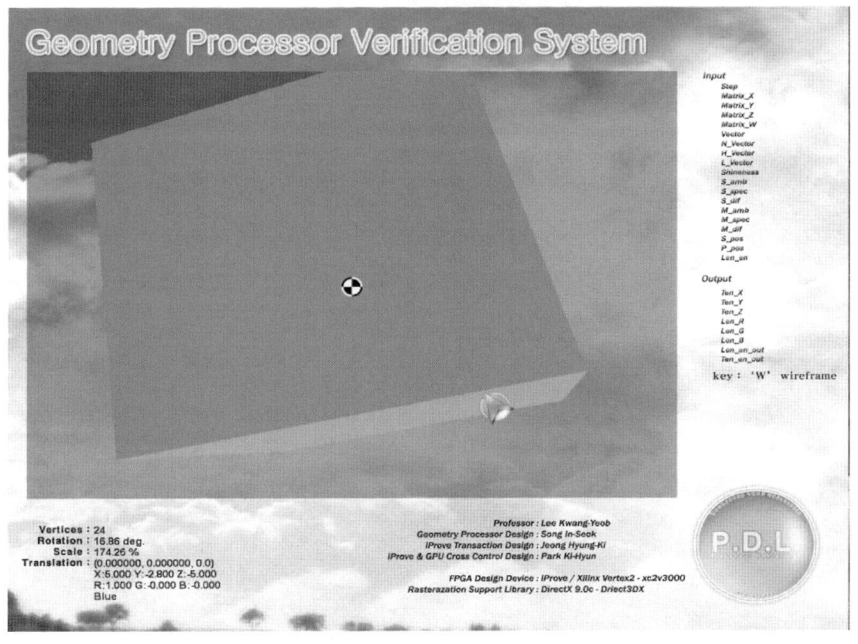

[그림 6-4] 검증 플랫폼의 GUI 실행화면 (a)

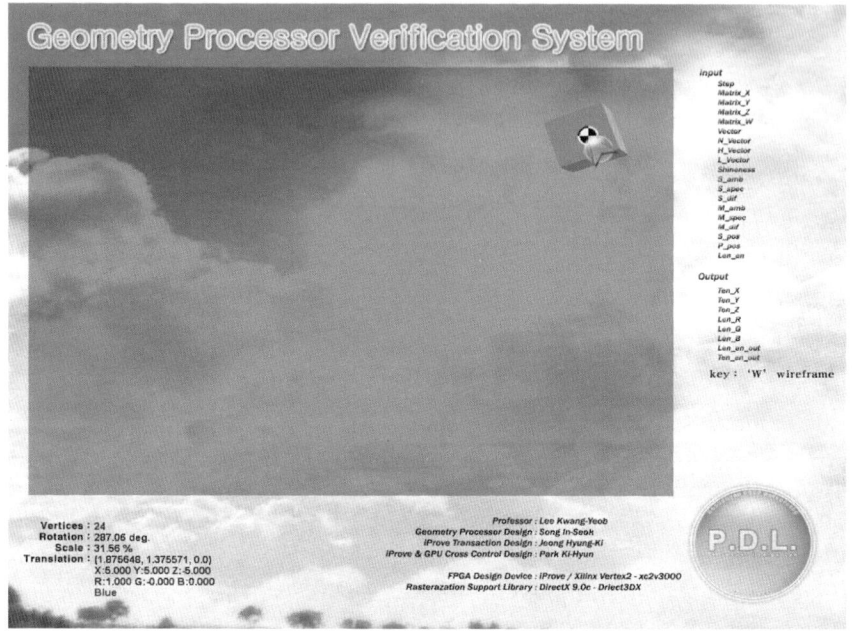

[그림 6-5] 검증 플랫폼의 GUI 실행화면 (b)

3. 칩 제작

　설계된 지오메트리 가속기는 부동소수점 연산기 IP로 구성이 되며 가속기의 성능을 결정하는 것은 연산기 IP의 동작 주파수, 면적, 정밀도 등이다. 본 장에서는 설계된 지오메트리 가속기의 정확한 성능 측정을 위하여 부동소수점 연산기 가운데 가장 회로 지연시간이 길고 그래픽 정밀도에 영향이 큰 역제곱근기를 MPW(Multi Project Wafer) 방법으로 칩을 제작하였다.

1) MPW의 RTL 설계

MPW를 이용하여 [표 6-4]와 같이 3가지 구조의 역제곱근 연산기 (Reciprocal Square Root Unit)를 제작하였다. 3차원 그래픽스는 적용 분야에 따라 적합한 정밀도와 동작 주파수 등이 요구되기 때문에 동일한 연산에 대하여 다양한 구조의 IP 개발이 필요하다.

세 개의 역제곱근 연산기를 하나의 코어(core)에 넣기 위해 공통 입력과 출력을 갖는 입출력 회로를 구현하였다. 32-bit 입력을 받아 한 개의 32-bit 역제곱근 연산기와 두 개의 24-bit 역제곱근 연산기에 공급하기 위해 MUX를 이용하여 입력을 나눠주는 회로를 구현하였다. 또한 MUX의 신호 분배를 위하여 In_Sel를 두어 입력하고자 하는 연산기에 입력할 수 있도록 하였으며, 출력 부분의 Out_Sel 신호는 출력되고 있는 신호가 어느 연산기에서 나오는 신호인지 알 수 있도록 추가하였다.

[그림 6-6]은 칩 블록도이다. 그림에서 RSR1(Reciprocal Square Root Type-1)은 32-bit 역제곱근기(명령어 기반 T&L에 적용), RSR2는 24-bit 역제곱근기(하드와이어드 기반 T&L에 적용), RSR3는 24-bit 역제곱근기 (Vertex Shader에 적용)이며 필요에 따라 3개의 역제곱근기 중에서 하나를 선택하여 측정할 수 있도록 설계하였다. 따라서 동일한 연산에 대한 각 연산기의 성능을 쉽게 측정할 수 있다.

[표 6-1] 3가지 구조의 역제곱근기

연산기 비트수	실행 사이클 수	적용 분야
32-bit 역제곱근기(RSR1)	4 Cycles	명령어 기반 T&L
24-bit 역제곱근기(RSR2)	4 Cycles	Hardwired 기반 T&L
24-bit 역제곱근기(RSR3)	1 Cycles	Vertex Shader

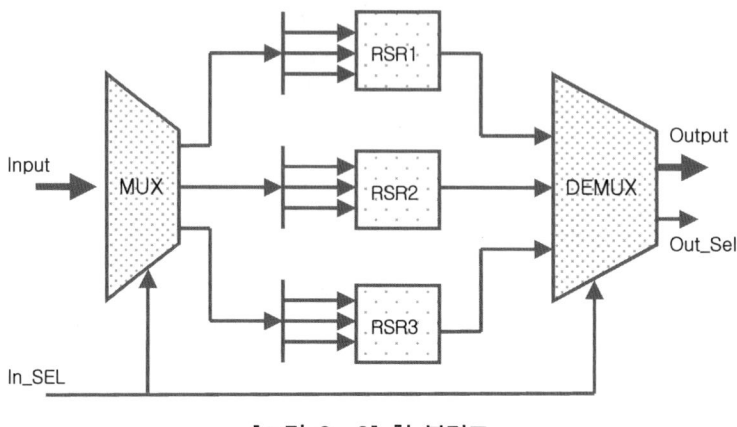

[그림 6-6] 칩 블럭도

2) MPW RTL 검증

RTL은 Verilog-HDL을 사용하였다. 각 연산기는 FPGA(Field Programmable Gate Array) 검증을 통하여 모두 전장에서와 같이 iProve의 FPGA를 이용하여 검증하였다. MPW 설계를 위하여 Modelsim6.0c에서 TOP 모듈을 새로이 설계하여 입출력들을 나눠주는 RTL회로를 추가하고 이를 위한 RTL-Simulation을 실행하였다. [그림 6-7]은 MPW의 설계 흐름도이다.

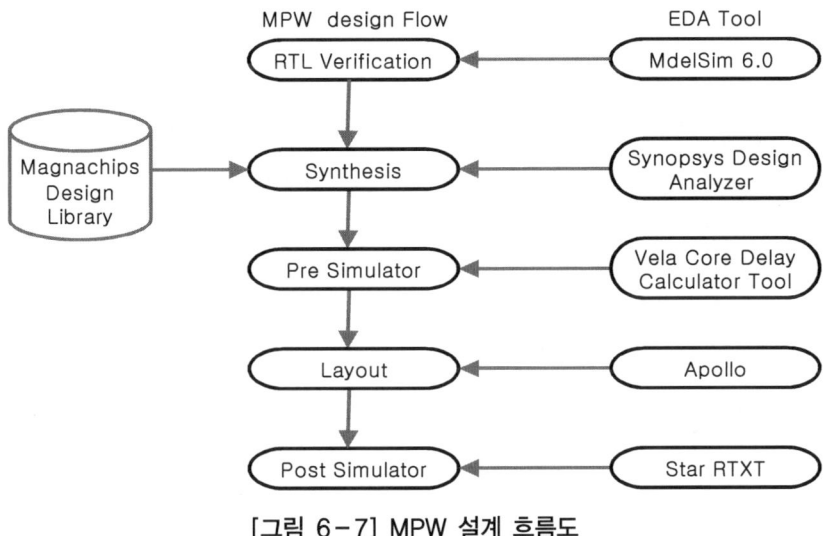

[그림 6-7] MPW 설계 흐름도

3) Synopsys 합성결과

MPW를 위하여 설계된 RTL 코드를 Synopsys Design-Analyzer로 합성하였다. Clock을 10ns 주기를 주어 100MHz에서 동작하도록 하였으며, 안전성을 위해 코어(Core)의 동작 환경(Operating Environment)에서 동작 조건(Operating Condition)을 Worst_Case_Industrial을 주어 합성하였다. 이때 합성 결과는 Total Dynamic Power가 31.3094mW이며, Cell Internal Power와 Net Switching Power는 각각 23.3619mW로 약 75%와 7.9474mW로 25%를 소모하였다. 이때 Cell의 총 Leakage Power는 12.2812uW를 소모하였다.

Magnachips의 표준 셀에서 사용된 셀은 241종류이며, 조합 셀(Combinational Cell)의 면적이 636,798게이트, 비조합 셀(Non-combinational Cell)의 면적이 49,115게이트, 총 면적은 685,987게이트이며 사용된 I/O의 숫자는 70개다.

4) Pre_Vela Simulation 결과

VELA는 Magnachips의 Core Delay Calculator Tool로서 Core의 Net Delay, Logic Design Rule Check, Netlist Translation 등을 계산하여 APOLLO 설계 전에 Synopsys에서 합성된 셀(Cell)들 간의 Load나 Delay, Capacity Limit 등을 계산함으로써 동작 확률을 더 높일 수 있도록 하여 주는 도구다.

VELA를 통해 추출된 .sdf 파일을 이용하여 보다 정확한 Verilog Simulation을 볼 수 있다. VELA를 통한 .sdf 파일과의 Simulation을 위해서 Synopsys에서 추가한 Verilog I/O Pad를 추가하였으며, Output Pad로 phob12를 34개 사용하였으며, Reset Pad로 phticu를 Input Pad로 phtis를 35개 사용하였다. 설계 복잡도(Design Complexity)는 26,437의 Cell이 691,015게이트 면적이다.

5) Apollo 설계 결과

MPW Chip의 크기는 4700um×4700um의 크기를 가지며, MQPSK 208Pin의 Package로 설계되었다. [그림 6-8]은 APOLLO 레이아웃이다.

6) Post_Vela Simulation 결과

APOLLO 레이아웃(Layout)하고 Star-RCXT를 이용하여 레이아웃된 코어(Core)의 Net Capacitance를 추출하여, 추출한 .spf 파일과 APOLLO 레이아웃에서 추출한 Verilog 파일로 Vela Post Simulation을 실시하여, 추출된 .sdf 파일을 이용하여 Modelsim에서 Simulation을 하였다.

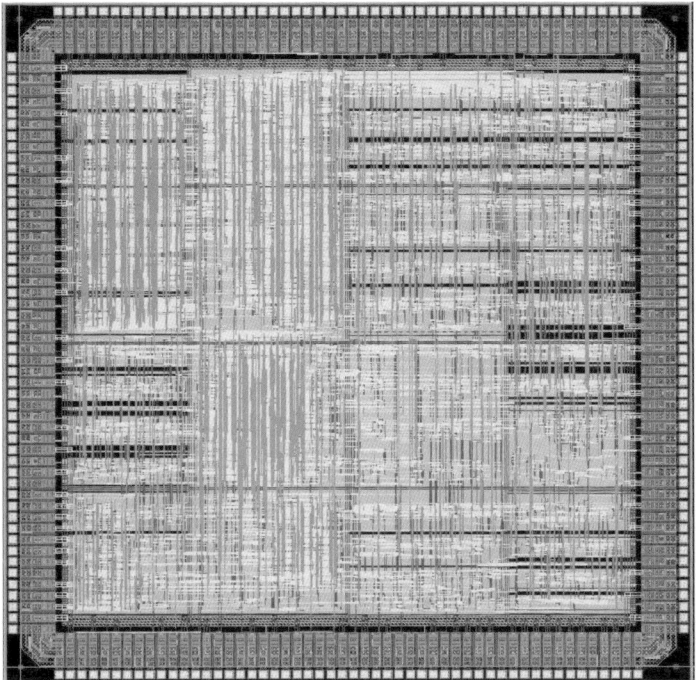

[그림 6-8] APOLLO Layout

VII. 결론 및 향후 과제

이 책에서는 3차원 그래픽을 실시간으로 가속하기 위한 지오메트리 처리 과정에 적합한 부동소수점 연산기를 설계하였다. 지오메트리 프로세서를 설계하기 위해 이에 적합한 부동소수점 연산기를 연구하고, 이를 기반으로 단정도 부동소수점 연산기, 지오메트리 프로세서를 설계한 다음 OpenGL-ES 기반에서 그 성능을 검증하였다. 설계한 부동소수점 연산기는 Xilinx-Virtex2에서 부동소수점 덧셈기/곱셈기는 100MHz, 부동소수점 NR 역수 계산기는 120MHz, 부동소수점 멱승기는 200MHz, 부동소수점 역제곱근 연산기는 120MHz의 동작 주파수를 각각 확인하였다.

지오메트리 프로세서는 24-bit 데이터 형식을 갖는 하드와이어드 디코더 구조로서 기존의 32-bit 데이터 형식을 갖는 프로그램 제어방식 지오메트리 프로세서보다 성능을 더욱 향상시켰다. 하드와이어드 지오메트리 프로세서의 특징은 명령어 없이 제어되는 구조로서 명령어 중심의 프로세서보다는 유연성이 떨어지지만, 명령어 구조에서 빈번하게 일어나는 적재/저장 과정이 없고, 각 연산기에 존재했던 ID(Instruction

Decoder) 단계 WB(Write Back) 단계가 존재하지 않고, 중간 저장 레지스터가 없다. 상대적으로 단순한 로직만을 실행하는 구조로써 속도가 빠르고 메모리 용량을 줄일 수 있다는 장점을 가지고 있다. 지오메트리 엔진에서 변환(Transformation) 부분이나 라이팅(Lighting) 부분이 똑같은 패턴의 연산을 계속 사용한다는 점을 이용하여 하드와이어드 구조로 설계하였다.

32-bit 프로그램 제어방식 지오메트리 프로세서를 Magnachips 0.35um 공정에서 합성해 본 결과 약 160,000게이트가 소요되는 데 반해 24-bit 하드와이어드 지오메트리 프로세서는 약 32,000게이트가 소요되므로 약 1 / 5 정도의 게이트로 구성할 수 있음을 확인하였다. 이는 32-bit 프로그램 제어방식 지오메트리 프로세서가 73개의 레지스터와 상대적으로 부피가 큰 32-bit 연산기들을 가지고 있기 때문이다. 그리고 전체적으로 연산기들의 수행 사이클 수를 줄이고 프로그램 제어방식 지오메트리 프로세서에서 존재했던 명령어 디코더(Instruction Decoder) 단계와 Write Back 단계를 제거하였기 때문에 전체 실행 속도가 크게 향상되었다.

지오메트리 프로세서는 Velirog HDL을 이용하여 설계하고, Mentor사의 ModelSim을 이용하여 회로 기능을 확인 후, Dynalith Systems의 iProve, Xilinx Virtex2 300만 게이트에서 3차원 그래픽 데이터 처리를 검증하였다.

그러나 연산기를 검증하는 데 사용했던 콘솔 화면으로의 검증은 수치상으로만 표시되기 때문에 크게 의미가 없으므로 Visual C++.NET을 이용하여 GUI System을 설계하여 그래픽 처리 성능을 직접 눈으로 확인할 수 있도록 하였다.

설계된 지오메트리 프로세서는 래스터라이져(Rasterizer)와 결합하여 자연스러운 실시간 동영상 처리를 필요로 하는 휴대용 각종 기기에 그 응용이 가능하고 최고의 성능을 발휘할 수 있다. 32-bit 프로그램 제어방식 지오메트리 프로세서만큼의 유연성은 떨어지지만 속도가 2배 이상 빠르고, 전력 소모도 적다. 또한 32-bit 프로그램 제어방식 지오메트리 프로세서의 약 1/5 정도의 작은 면적에 구현 가능하기 때문에 휴대용 기기에 적합하다. 설계된 지오메트리 프로세서는 하나의 IP로서 모바일 플랫폼 기반의 3차원 그래픽 가속기 SoC 구현이 가능하다.

  향후 연구과제로는 이 책에서 설계한 하드와이어드 지오메트리 프로세서의 성능을 더 향상시키기 위해 동작 주파수를 증가시키기 위한 연구가 필요하다. 또한 래스터라이져 프로세서를 하드와이어드 형태로 설계하여 본서에서 설계한 지오메트리 프로세서와 래스터라이져 프로세서를 하나의 그래픽 가속기 IP(Intellectual Property)로 통합하는 연구가 필요할 것으로 본다.

참고문헌

[1] Santosh Gaur, CCP: A Customizable Control Processor, Embedded Processor Conference, June 16－19, 2003, San Jose, California.

[2] Peter N. Glaskowski, IBM Offers SoC Head Start: Customizable ControlProcessor Simplifies System－on－Chip Development, Microprocessor Report, June 23, 2003.

[3] 최기영, 조영철, "SoC 설계 방법의 최근 동향", 전자공학회지, 제30권, 제9호, pp.17－27, 2003. 9.

[4] Lewis C. Eggebrecht, "Balancing the 3D Pipeline in the Mainstream PC", IEEE Conference Proceedings, pp.300－306, Nov. 1997.

[5] Tom Thompson, "Must－See 3D Engines", Byte, pp.137－144, Jun. 1996.

[6] Advanced Micro Devices, Inc., 3Dnow! TM Technology: Architecture and implementations, March 1999.

[7] K. Bennebroek, I. Ernst, H. Russeler, and O. Witting, "Design Principles of Hardware－based Phong Shading and Bump Mapping", Computer & Graphics, vol.21, No.2, pp.143－149, 1997.

[8] Eric Lengyel, Mathematics for 3D Game Programming & Computer Graphics, Charles River Media, 2002.

[9] M. Woo, J. Neider, T. Davis, D. Shreiner OpenGL Programming Manual, Addison & Wesley, 1997.

[10] N. Trevett, "GLINT Gamma: A 3D Geometry and Lighting Processor for PC", Proceeding Notebook for HOT Chips IX, pp.235－246, 1997.

[11] Alan Watt, 3D Computer Graphics Third Edition, ADDISON WESLEY, 2000.

[12] Richard S. Wright and Jr. Michael Sweet, "OpenGL SUPER BIBLE", Second edition, Waite Group press, 2000.

[13] Samuel R. Russ, "3D Computer Graphics: a Mathematical Introduction with OpenGl", Cambridge Univ. press, 2001.

[14] Jun－Hee Lee "Exploiting Parallelism of 3D Graphics Geometry using VLIW Geometry Processor", KAIST, Master Thesis, 1999.

[15] Cheol－Ho Jeong, "Design of an Effective Control and Execution Method for Geometry Engines and Rasterizers within Embedded 3D Graphics Accelerators", Yonsei Univ., PhD Thesis, 2003.

[16] I. Ernst, H. Russeler, H. Schulz, O. Witting, "Gouraud Bump Mapping", Workshop on Graphics Hardware, pp.47－53, Lisbon Portugal, 1998.

[17] K. Akeley, "Reality Engine Graphics", SIGGRAPH 93 Conference Processing, ACM Press, New York, pp.109－116, August 1993.

[18] Ju－ho Sohn "Design and Optimization of Geometry Acceleration for Portable 3D Graphics", KAIST, Master's Thesis, 2003.

[19] F Arakawa, O. Nishii, K. Uchiyama, and N. Nakama, "SH4 RISC multimedia microprocessor", IEEE Micro, vol.18, No.2, pp.26－34, April 1998.

[20] M. Oka, and M. Suzuoki, "Designing and Programming the Emotion Engine", Micro, November, 1999.

[21] nVidia, "Technical briefs: An in－depth look at Geforce3 features", nVidia Corporation, http://www.nvidia.com/Products/GeForce3.nsf/technical.html.

[22] "Transform, lighting and rasterization system embodied on a single semiconductor platform", nVidia Patent, Dec. 1999.

[23] N. Trevett, "Challenges and Opportunities for 3D Graphics on the PC", SIGGRAPH / Eurograhics Workshop on Graphics Hardware, keynote 1999.

[24] David Seal, Architecture Reference Manual, 2nd ED., Addison－Wesley, 2000.

[25] Steve Furber, ARM System－on－chip architecture, 2nd ED., Addison－Wesley, 2000.

[26] Udo Flohr, "3D for Everyone", Byte, pp.76－88, Oct. 1996.

[27] An American National Standard, "IEEE Standard for Binary Floating－Point Arithmetic", ANSI / IEEE Std 754, 1985.

[28] Nhon T. Quach and Michael J. Flynn, "An Improved Algorithm for High－Speed Floating－Point Addition", Technical Report: CSL－TR－90－442, Computer

Systems Laboratory, Stanford University, August 1990.

[29] Y. Wang, A. Mangaser and P. Srinivasan, "A Processor Architecture For 3D Graphics", IEEE Computer Graphics & Applications, Vol.12, No.5, pp.96 − 105, Sept. 1992.

[30] Henry Chang, Larry Cooke, Merrill Hunt, Grant Martin, Lee Todd, "Surving the SoC Revolution", Kluwer Academic Publishers, 1999.

[31] Furzard Nekoogar, "ASIC to SoCs, 2003", Prentice Hall PTR, 2003.

[32] (주) 휴인스 기술연구소, "ARM922T Core를 이용한 SoC 설계 및 응용", 홍릉과학출판사, 2005. 5.

[33] Farzad Nekoogar, Faranak Nekoogar, FROM ASICs TO SOCs A Practical Approach, Prentice Hall.

[34] Neil H. E. Weste, "Principles of CMOS VLSI Design and Famran Eshraghian", Addison Wesley, October 1994.

[35] James R. Armstrong F. Gail Gray, "Structured Logic Design with VHDL", Prentice Hall PTR, 1993.

[36] Bernard Grob, Charles Herndon, "Basic Television and Video System", McGraw − Hill, 1999.

[37] Rafael C. Gonzalez, Richard E Woods, "Digital Image Processing", Addison − Wesley Publishing Company, 1993.

[38] Kai Kai Hwang, "Advanced Computer Architecture", McGraw − Hill, Inc. USA, 1993.

[39] Bryan Pfaffenberger, "Computers in your Feature 2003", Prentice Hall, USA, 2003.

[40] Steven. F Barrett, Daniel. J Pack, "Embedded Systems", Pearson Education, USA, 2004.

[41] Dainel D. Gajski, "Specification and Design of Embedded System", USA, 2004.

[42] 최형일, 이근수, 이양원, "영상처리 이론과 실제", 홍릉과학출판사, 1999.

[43] 磯博(Iso Hirishi), "デジタル畫像處理入門", 産能大學出版部刊, 1996.

[44] 三岩幸夫(Yukiko Mitsuiwa), "H8マイコン開發ツールの使い方", トラン スタ 技術, CQ出版社, pp.151〜158, December 2002.

[45] 藤澤幸穗(Yukio Fujisawa), "H8マイコン活用テクニック", トランジス タ技

術, CQ出版社, pp.149～167, March 2002.

[46] Santosh Gaur, CCP: A Customizable Control Processor, Embedded Processor Conference, June 16－19, 2003, San Jose, California.

[47] 김흥남, "임베디드 S／W 최신 기술동향", 전자공학회지, 제31권 제11호, pp.19～29. 2004. 11.

[48] Masatoshi Kameyama, Yoshiyunk Kato, Hitoshi Fujimoto, Hiroyasu Negishi Yukio Kodama, Yoshitsugi Inoue, Hiroyuki Kawai, "3D graphics LSI core for mobile phone Z3D", Proceedings of the ACM SIGGRAPH／EURO-GRAPHICS conference on Graphics hardware, pp.60－67, 2003.

[49] Won－Suk Kim, "The Implementation of Geometry Accelerator Simulator for 3D Graphic Accelerator Hardware Design", Yonsei Univ., Master Thesis, 2003.

[50] ARM, "ARM MBX HR－S 3D Graphics Core Software Integration Guide", ARM Limited, 2002.

김 명 환

연세대학교 전자공학과 공학석사
서경대학교 컴퓨터공학과 공학박사
(주)청호컴넷 상무이사
(주)인트정보시스템 기술연구소장/부사장
서경대학교 전자공학과 겸임교수

모바일 플랫폼 기반 3차원 그래픽스 가속기 SoC구현

• 초판 인쇄   2007년 10월 15일
• 초판 발행   2007년 10월 15일

• 지 은 이   김명환
• 펴 낸 이   채종준
• 펴 낸 곳   한국학술정보㈜
            경기도 파주시 교하읍 문발리 526-2
            파주출판문화정보산업단지
            전화 031) 908-3181(대표) · 팩스 031) 908-3189
            홈페이지 http://www.kstudy.com
            e-mail(출판사업팀사업부) publish@kstudy.com
• 등   록   제일산-115호(2000. 6. 19)
• 가   격   19,000원

ISBN   978-89-534-7659-2 93560 (Paper Book)
        978-89-534-7660-8 98560 (e-Book)